UNLOCK

THE POWER OF AI

解锁AI力量

大模型落地实战场景全攻略

本书编写组 —— 编著

中共中央党校出版社

图书在版编目（CIP）数据

解锁 AI 力量：大模型落地实战场景全攻略 / 本书编写组编著. -- 北京：中共中央党校出版社，2025. 4.（2025.12重印）

ISBN 978-7-5035-7866-3

Ⅰ. TP18

中国国家版本馆 CIP 数据核字第 2025GV8850 号

解锁 AI 力量： 大模型落地实战场景全攻略

策划统筹 任丽娜
责任编辑 桑月月　马琳婷
责任印制 陈梦楠
责任校对 王　微
出版发行 中共中央党校出版社
地　　址 北京市海淀区长春桥路 6 号
电　　话 （010）68922815（总编室）　（010）68922233（发行部）
传　　真 （010）68922814
经　　销 全国新华书店
印　　刷 中煤（北京）印务有限公司
开　　本 710 毫米 ×1000 毫米 1/16
字　　数 216 千字
印　　张 18.25
版　　次 2025 年 4 月第 1 版　2025 年 12 月第 2 次印刷
定　　价 55.00 元

微 信 ID： 中共中央党校出版社　　**邮　　箱：** zydxcbs2018@163.com

编　委　会

序一

FOREWORD

人工智能是引领未来的战略性技术，是新一轮科技革命和产业变革的核心驱动力，也是发展新质生产力的主要阵地。大模型，作为人工智能领域中的特定技术，通常拥有庞大的参数数量和复杂的计算结构，能够处理海量数据，完成复杂任务，推动着人工智能技术的不断发展和完善。我们现在谈让人工智能发挥更大作用，也主要是谈如何让大模型技术成为推动千行百业智能化升级的核心引擎。我个人现在的研究重点，就是希望突出“大模型+”的作用，让大模型应用到更多更广的领域，如“大模型+金融”“大模型+医疗”“大模型+汽车”“大模型+智能制造”等，让“大模型+”来提高生产效率和质量。

通览《解锁AI力量：大模型落地实战场景全攻略》全书，其内容设计，通过个人、企业、创业者三个维度，直指AI落地的核心矛盾：从算力基建的自主创新（如“前进·AI异构计算平台”的混元适配模式）、数据治理的合规实践（如可信数据空间），到垂类场景的深度解析（如医疗、政务案例）。可以说，本书构建了一套“技术—数据—场景”的全栈方法论。

书中案例亦鲜活具体。我看到以北电数智为代表的国内企业，通过自主创新在这方面取得了丰硕成果：“红湖·可信数据空间”破解医疗、政务领域的“数据孤岛”，实现安全共享；与中日友好医院联合研发的“樱智大模型”在医疗场景中降低误诊率15%、提升诊疗效率20%。这些案例证明——唯有技术与需求深度咬合，方能释放AI的磅礴力量。当然，我相信这些成绩的取得，和它们的坚实技术底座分不开，“星火·智算”AI工厂以全栈能力，在算力、算法、数据、运营层面，为AI应用的需求提供一站式开发服务能力，推动千行百业智能化转型。

在长期研究高性能计算与AI融合的过程中，我深切体会到：AI的终极价值，在于以系统工程思维实现全要素协同。例如，政府以产业繁荣为目标、以新型基建为依托，培育“国产芯片+自主模型+可信数据”生态；企业以场景创新为驱动，重构技术平台与业务竞争力；个人以“超级个体”为目标，拥抱人机协作新范式。唯有如此，方能将AI的“力量”转化为推动社会进步的“动能”。

本书的出版，不仅是对中国AI实践的阶段性经验总结，更是对未来发展路径的长期洞察思考。期待读者以此书为镜，照见趋势，锚定方向，在智能时代的大潮中踏浪前行。

是为序。

郑纬民

中国工程院院士、清华大学计算机科学与技术系教授

序二

FOREWORD

解锁AI力量：智能时代的钥匙

回顾人类技术史，每一次重大突破都伴随着社会结构的深刻变革。18世纪的蒸汽机和19世纪的电力解放了人力，推动两次工业革命，彻底重构了人类的生产生活方式。自1950年“图灵之问”提出以来的75年，电子计算机、互联网把人们带进了数字化时代，孕育了人工智能。这些技术革命，本质上是人类不断将“体力”与“脑力”外化的过程，是人的延伸。而近年来大模型取得重大突破，通用人工智能（AGI）甚至超级人工智能（ASI）越来越近，标志着这一进程进入了全新阶段。

正如本书所述，70多年来，从图灵发出的哲学叩问到大模型，人工智能发展经历了三起两落，在“理论奠基—知识驱动—数据爆发—融合创新—生态重构”的螺旋迭代中一路前行，逐渐成为推动社会进步和经济增长的关键力量。面对日新月异的技术进步，很多人难免感到焦虑迷茫。《解锁AI力量：大模型落地实战场景全攻略》这本书准确把握AI发展脉搏，不仅为读者呈现了一幅AI图景，更立足当下技术突破，为个人、企业和创业者提供了认识AI、利用AI创造未来的途径。

本书内容丰富多元，从技术的革命性内涵到关键要素剖析，从生成式AI的核心技术到行业应用场景，再到AI对未来社会的深远影响，层层递进，逐步展开。本书编写组以专业且通俗的笔触，将复杂的技术原理和深刻的行业洞察娓娓道来，使读者能够轻松理解AI的核心要义。在技术层面，书中深入浅出地讲解了大模型与传统人工智能的本质区别，让读者明白为何大模型能实现从专用人工智能到通用人工智能的跨越。在行业应用方面，书中详细阐述了生成式AI在制造、金融、医疗、教育等多领域的实际应用，用丰富的案例展示了AI如何重塑各行业的发展模式。

面向未来，书中对AI的发展趋势作出了科学预测，探讨了通向AGI（通用人工智能）的技术蓝图，以及AI与人类智能的差异与边界。同时，也对AI伦理与社会影响进行了深入探索，让读者在憧憬AI未来的同时，也能理性地思考其带来的挑战。

客观来说，在目前条件下要完全看清智能时代的逻辑，完全掌握解锁AI力量的密码，是一件很难的事情。本书编写组勇敢地迈出了一步，我认为本书既可以作为认识AI时代的一张地图，也可以作为在AI时代航行的指南针，是读者打开通往智能时代之门的一把钥匙。无论是政府工作人员、科技从业者、企业管理者，还是对AI感兴趣的普通读者，都能从这本书中汲取知识与灵感，为迎接AI的未来做好准备。

魏　凯

中国信息通信研究院人工智能研究所所长

序三

FOREWORD

本书以AI全场景应用为核心主题，这一选择恰如其分地把握了当前人工智能发展的独特逻辑——一场以应用为先导的技术革命。回望3年前，当ChatGPT发布之时，它便同时以两种身份出现在世人面前：它既是一个复杂的大语言模型，又是一个直接面向终端用户的应用产品。这种前所未有的现象，标志着人工智能发展的范式已然转变。

纵观人类技术发展史，每一次重大技术变革都遵循着相似的演进路径：基础设施先行，应用随后跟进，存在一个时间差。蒸汽机的发明需要后续各类机械的开发才能真正改变生产方式；电力网络铺设后，才有了各种电气设备的普及；互联网协议确立后，才催生了丰富的网络应用生态。然而，大模型时代几乎颠覆了这一传统逻辑，模型本身便是应用，应用背后即是模型。我们已经看到，模型和应用的演进速度几乎是同步的。

这种模型与应用边界的模糊，不仅是技术形态的变革，更是生产力解放的信号。当投资者争论“该投模型还是应用”时，他们未能看到这场辩论本身已经失去意义——在AI时代，这不再是一个非此即彼的选择，而是一个相互融合的整体。

站在第四次工业革命的前沿，我们比以往任何时候都更需要这样的洞察。人工智能不仅仅是一项技术，更是一种重构生产力的新范式。这场革命并非简单地提升效率，而是从根本上改变我们组织生产、创造价值的方式。面对这样的变革，我们需要超越传统框架的束缚，以更开放的思维重新理解技术与应用的关系。

本书的价值，恰恰在于它不仅理解了这一技术革命的内在逻辑，更提供了实践层面的全方位指南。从个人、企业到创业者，书中详尽阐述了这些主体如何在这一范式转变中把握机遇。从技术解析、行业应用，到未来趋势预测，本书为读者构建了一幅完整的AI时代导航图。

高　飞
至顶科技CEO兼总编辑

序四

FOREWORD

人类文明的进程总是与生产力的跃迁同频共振。从蒸汽机的轰鸣拉开第一次工业革命的帷幕，到电力技术重构第二次工业革命的能源网络，再到信息技术点燃第三次工业革命的数字火种，每一次技术奇点的爆发都深刻重塑着人类社会的运行范式。今天，我们正站在第四次工业革命的临界点——AI正在以超越过往所有技术革命的速度和深度，重构全球产业版图与文明形态。

AI的变革，不仅仅是效率的提升，更是范式的重塑。在这场波澜壮阔的智能革命中，算力的突破是一个关键拐点。DeepSeek的革命性算力突破，标志着人类首次以工程化方式驯服了“算力黑洞”，更深层的意义在于，AI的训练成本不再是高悬的壁垒，而是正在以指数级下降的趋势步入普惠化时代。这不仅仅是技术成本的降低，更是杰文斯效应的再现——当AI变得更高效、更可用，它的应用边界也在不断拓展，我们正在迈向“普惠智能”与“规模扩张”共生进化的新纪元。

与此同时，我们也应该清楚地意识到，AI的竞争格局已悄然升级，从过去单纯的技术迭代，演变为数字经济生态体系的全面博弈。AI落地的核心挑战，已不再仅仅是模型能力的比拼，而是取决于算力调度能力、数据要素价值释放效率、场景落地的敏捷性所组成的新时代“AI铁三角”。面对这一变局，中国科技企业需要走出一条独特的创新路径——既非简单复制西方模式，也非孤立追求单点突破，而是以系统性思维构建“技术—产业—生态”“三位一体”的创新范式。

作为北京电控集团旗下的人工智能高科技企业，北电数智正是这一理念的践行者。我们深知，AI的价值不在于技术本身的炫目，而在于其对产业know-how的解码能力。当行业共性技术与区域经济特色结合时，当大模型矩阵与实体产业需求深度耦合时，AI才能真正成为撬动产业转型的支点。基于这一认知，我们构建了“一个AI底座、两个产业平台”体系，致力于突破算力商业化落地难、模型场景应用难、数据价值释放难三大核心瓶颈，以平台化架构构建产业智能生态，让AI的能力普惠更多行业，让智能真正成为新质生产力。

本书的价值不仅在于对技术实践的总结，更是对中国科技企业发展哲学的凝练。在追赶与超越的辩证中，我们逐渐摸索出“以应用牵引创新，以生态培育突破”的独特路径；在市场逻辑与国家战略的交汇处，我们不断校准“商业价值与社会价值共生”的发展坐标。这些经验的沉淀，对于正处于智能化转型攻坚期的中国产业界而言，既是路线图，更是方法论。

站在人类文明史的关键转折点，我们比任何时候都更需要深刻理解——AI不仅是技术革命，更是社会变革和文明演进的重要力量。科技不应成为少数人的特权，而应成为全社会共同的生产力。我们相信，只有当技术创新与产业需求共振，当企业战略与国家意志同频时，中国才能在这场智能革命中书写新的篇章。

愿这本书成为这场伟大征程中的一座灯塔，为更多探路者照亮前行的方向。

谢　东
北京电子数智科技有限责任公司首席技术官

CONTENTS 目录

第一章

把握 AI 发展脉络

数智观察

70多年前，艾伦·图灵那具有划时代意义的发问——“机器何时能像人一样思考”，如幽灵般萦绕在人类科技探索之途，持续挑战着计算技术的边界。机器运行的仍是冰冷逻辑与预设程序，不过是人类手中的工具，远非具备独立思考能力的“智能体”。人们一直在思考，计算的终极目标难道只是更高效地执行指令吗？机器注定只能是人类的附庸吗？

AI的跨越式进步，使这一切发生了根本性转变。这绝非普通的技术发明，也不是量变引起质变，而是一场深刻的工业革命式的变革，是对全社会的重新界定。AI不再局限于简单计算，而是开启了学习、思考、推理乃至创造的进程，AI汹涌而来。多模态技术让机器能从多维度感知世界，自主学习能力赋予其持续进化的动力，类人推理表明其正逐渐接近人类认知极限。

对我国而言，这场变革意义重大。由于历史原因，我国在前三次工业革命中始终处于追赶者地位。而今在数字中国战略引领下，我们正以“算法突破、数据突破、算力突破”为战略支点，构建起数字时代的国家竞争力体系。DeepSeek团队开发的大模型，其多模态理解能力达到国际第一梯队水平。习近平总书记强调的“关键核心技术是要不来、买不来、讨不来的”[①]重要论断正在实现，为新质生产力的构建注入强大动力。

本章节将梳理这场智能革命的发展脉络，剖析技术进化的内在逻

① 习近平：《努力成为世界主要科学中心和创新高地》，《求是》2021年第6期。

辑，希望谨以此抛砖引玉，因为我们跟全世界一样，站在了同一起跑线上，没有前任的指路和引领，需要自己去探索前行。在这个技术与人性相互交融、机遇与挑战并存的伟大时代，AI这场工业革命级的重大飞跃，会把人类文明引向何处？对我国而言又带来什么样的机遇？

在21世纪汹涌澎湃的科技浪潮中，人工智能（AI）无疑是最具革命性与影响力的弄潮儿。其不仅深刻地变革人类的生产生活方式，也正在重塑全球经济结构以及国际竞争格局。

当前，全球人工智能正以一种前所未有的加速度向前推进。技术进步可谓一日千里，应用领域持续拓展，政策环境逐步完善。可以说，人工智能的发展前景就像广袤无垠的宇宙，充满无限可能。

诚然，全球主要国家和地区均对人工智能产业的发展给予了高度重视，纷纷推出各项相关政策以促进其发展。美国颁布的《未来人工智能创新法案》，积极推动组建人工智能创新和标准联盟，鼓励各方在人工智能领域开展创新合作；欧盟推出的《人工智能法案》，侧重于把控人工智能可能带来的风险，并依据风险等级进行分类管理；而中国制定的《生成式人工智能服务管理暂行办法》则坚持发展与安全并重，秉持促进创新和依法治理相结合的原则，采取切实有效的措施鼓励生成式人工智能的创新发展。

人工智能的诸多应用已深度融入千行百业，成为驱动行业发展的关键性力量。在医疗领域，AI辅助诊断、个性化治疗方案等应用如同“智囊团”，提升了医疗的智慧化水平；在金融领域，智能风控、智能投顾等功能则像是服务的“加速器”，提高了服务效率，优化了客户体验；在教育领域，智能教学系统、个性化学习规划等手段，促进了教育资源的均衡分配。除此之外，AI还在智能制造、智慧城市、交通物流等诸多领域发挥着不可或缺的作用。

近年来，随着AI大模型（即通过海量数据训练和深度学习算法迭代，能够理解和生成文本、图像、视频、音频等多样化内容的AI模型）

的崛起，AI迈入了一个全新的发展阶段。AI大模型充分展现了强大的数据处理能力和知识推理能力，如同一位精通多领域知识的“全能智者”。

成立于2023年的中国人工智能公司DeepSeek（深度求索），近期发布的R1推理模型性能显著超越OpenAI o1，引发全球广泛关注。DeepSeek系列模型对AI产业和社会发展产生了深远影响。一方面，降低了大模型的技术门槛，模型的开源特性使得中小企业和个人开发者能够低成本接入AI能力，推动技术的普惠化。另一方面，促进AI开发社区的生态建设，开源模式吸引大量开发者和用户参与，形成强大的开发者社区生态，加速技术的迭代和应用落地。此外，DeepSeek以其低成本、高性能的特点，降低了AI技术的应用门槛，使更多的企业和开发者能够使用更先进的模型，加快AI在各行业的广泛推广，推动AI产业持续快速发展。

不久的将来，随着算力的持续提升、算法的不断优化以及数据的稳步积累，AI大模型的性能必将不断增强，使用范围也会持续拓展。值得注意的是，这一发展趋势有望加速通用人工智能时代（即具有跨领域、泛化能力的人工智能时代）的到来，如同为科技列车踩下了加速踏板，推动人类社会向更为智能的未来前进。

第一节　AI的革命性内涵

AI的发展已从早期的专用算法逐步演变为以大模型为核心的通用智能系统，其革命性内涵不仅体现在技术能力的跃升，更在于对社会生产方式和产业结构的重构。

生产力变革：从“手工式”到“工业化”。AI被称为“数字时代的蒸汽机”，其核心在于通过算法、数据和算力的协同作用，大幅压缩生产的时间与人力成本。例如，大模型在科研领域可将传统依赖人工经验的研究模式转化为“工业化生产”，通过海量数据挖掘和跨领域知识融合，加速药物研发、材料设计等复杂任务的进程。这一变革的核心驱动力来自算力的指数级增长——以GPT-4为例，其训练需数万块GPU芯片，单次训练成本高达6300万美元，但由此带来的效率提升使其成为推动全要素生产率的核心引擎。

产业格局重塑：从“重化”到“软化”。传统工业革命催生了以重工业为核心的产业结构，而AI通过知识密集化和数据驱动，推动产业向“软化”方向演进。例如，大模型产业链涵盖数据标注、模型训练、应用开发等多个环节，形成以技术整合为特征的新兴生态。这种变革打破了传统产业链的线性分工模式，转而通过平台化协作实现设计、生产、服务的全流程融合。

智能涌现与通用性突破。当模型参数量突破临界点（如GPT-4的1.8万亿参数）时，AI展现出未预设的推理、规划等能力，这种现象被称为“智能涌现”。例如，ChatGPT不仅能完成文本生成，还能进行代码编写和科研假设推导，标志着AI从感知智能向认知智能的跨越。这种通用性使AI从专用工具（如AlphaGo的围棋能力）升级为跨领域问题解决平台。

社会形态重构：嵌入生活的使能技术。作为通用使能技术，AI正深度融入医疗、教育、城市管理等场景。例如，多模态大模型可实现“文生视频”（如Sora）、个性化医疗诊断，甚至通过能耗优化推动智慧城市建设。这种渗透可能引发与农业革命、工业革命同等级别的社会变革，重新定义人类工作与生活方式。

一、传统AI算法的应用价值与典型应用场景

（一）传统AI的应用价值

机器学习、深度学习和强化学习等经典算法构成传统AI的核心技术体系，相关算法在人类生产生活中发挥着举足轻重的作用。机器学习（Machine Learning）是一种使计算机系统能够自动从数据中学习并改进性能的算法，其在金融、制造等领域应用广泛。在金融领域，银行和保险公司利用机器学习算法分析客户数据，预测信用风险、市场趋势等，从而制定更加精准的风险管理策略；在制造领域，制造企业利用机器学习算法优化生产流程，预测设备故障，提高生产效率；在库存管理领域，机器学习结合计算机视觉技术，可以实现仓库库存的实时跟踪，优化补货流程，降低库存成本。

随着机器学习在各领域取得显著成效，科学家们进一步探索更深层次的数据处理能力，促使深度学习技术的快速发展。深度学习（Deep Learning）是机器学习的一个分支，其通过多层神经网络来学习数据的特征和模式，在医疗、智能家居等领域取得显著成果。在医疗领域，深度学习算法能够辅助医生进行疾病诊断，准确识别肿瘤、病变等异常结构，提高诊断准确率；在智能家居领域，深度学习算法使智能音箱、智能摄像头等设备能够更准确地理解用户的语音指令和行为模式，提供更加个性化的服务。

尽管深度学习在复杂数据处理方面展现出卓越性能，但在需要实时决策与自我优化的动态环境中，强化学习则成为不可或缺的关键技术。强化学习（Reinforcement Learning）允许智能体能够在与环境交互中通过试错来学习最优策略。强化学习的特点包括：①在学习过程中

没有监督者，只有激励信号；②反馈信号是延迟而非即时的；③学习过程具有时间序列性质；④系统的动作会影响到后续的数据。强化学习在自动驾驶、机器人等领域存在广泛应用。在自动驾驶领域，强化学习算法使自动驾驶汽车能够在复杂多变的交通环境中作出安全的驾驶决策；在机器人领域，强化学习算法使机器人能够自主学习如何高效完成生产任务。

（二）传统AI的典型应用场景

智慧医疗

AI在图像识别、自然语言处理等方面的优势使其在医疗影像、药物研发、电子病历等领域实现广泛应用，并且应用程度逐步加深。在医疗影像方面，利用计算机视觉、深度学习等技术实现心血管疾病、肺结节等多种疾病影像筛查；在药物研发方面，AI已覆盖化合物研究、临床研究等领域，提高药物的研发效率；在电子病历方面，通过语音识别自动转化为电子病历，利用机器学习抓取病历数据形成数据库，并在此基础上使用深度学习技术对患者病情进行预测；在基因测序方面，利用深度学习方法重建真实的基因组序列，结果的准确性得到显著提升；在健康管理方面，患者通过智能健康检测设备，实时获取健康数据，并可运用AI获取对血糖管理、血压管理等的常态化、精细化指导和评估。

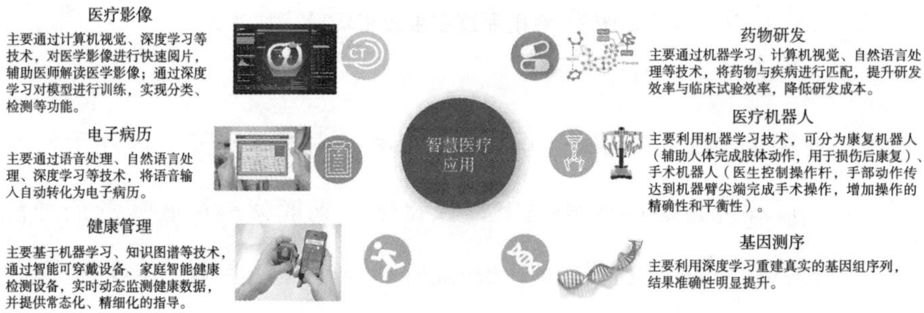

图1　智慧医疗主要应用场景

智能制造

制造行业重点关注研发与制造流程优化、产品智能化升级等方向，AI将逐步渗透并重塑智能制造的生产模式。AI在制造业方面的应用能够有效抵御供需关系不平衡、劳动力短缺等风险，推动制造业走向数字化、智能化道路。AI优化工业制造流程，将AI与工业软件、工业控制系统等关键工业要素深度融合，能够有效结合市场需求、物料储备和设备状态，实现工业生产的智能调度，形成生产过程的高效协同机制，支撑工业企业实现生产的智能决策。此外，AI还能助力产品绿色研发，推动制造业绿色低碳转型。目前，AI与制造业的深度融合体现在设计、生产、运维、检测、物流等多个环节。

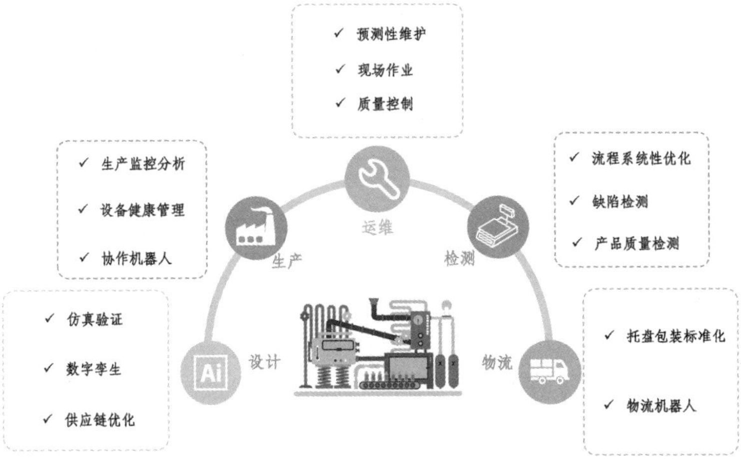

图2　智能制造主要应用场景

智慧零售

AI聚焦零售产品创新与智能化营销管理，正逐步促进零售企业降本增效，改变消费者的购物习惯，提升消费者的购物体验，推动零售行业向更加个性化、智能化的方向发展。自然语言处理、计算机视觉等技术在零售场景中的落地应用，为零售行业的参与主体与不同的零售业务环节赋能，进而实现对零售行业的整体改造与转型。AI推动零售由线性结构向环状结构转变，可实现用户体验最优、厂商成本最低、零售商收益最大的共赢局面。未来，以大型零售企业为主导的AI技术中台建设将成为“AI+零售”的主流技术趋势。与此同时，AI技术也将逐渐覆盖零售的全产业链条和线上线下多零售业态。

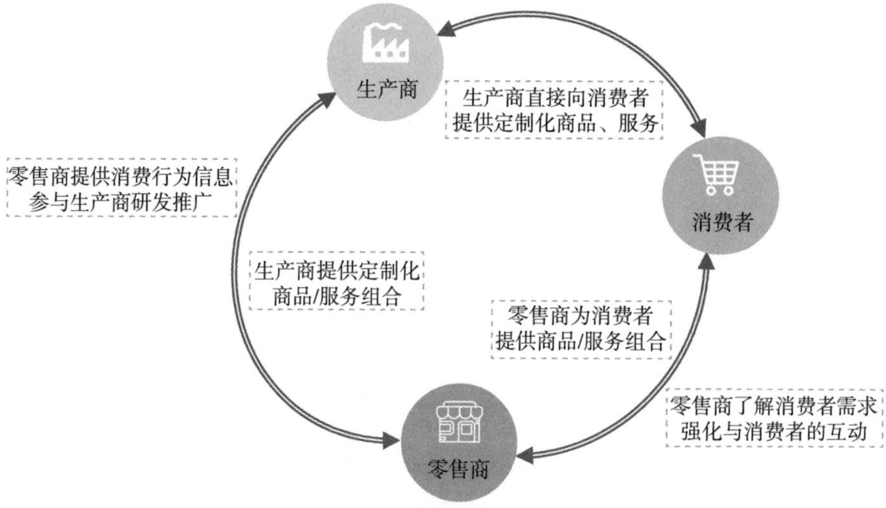

图3　智慧零售模式图

智慧交通

作为智慧城市的重要基础，智慧交通可以使城市交通系统具备区域、城市乃至更大时空区域的智慧能力，通过感知、分析、预测、控制功能，最大限度地发挥交通管理的效率，从而为市民提供各项交通服务。智能驾驶与智慧交通管理平台成为智慧交通场景应用的主要领域。典型的智能驾驶系统主要由环境感知、决策规划和控制执行三部分构成。其中，决策规划主要被AI算法和AI芯片所主导，二者结合环境感知所获取的数据信息实现车辆轨迹预测和行驶路线规划。智能交通管理平台的核心为数字管理平台，其包含地图、数据、AI

算法、控制、视觉、计算六大能力，对交通网络进行监控，优化道路交通流量，提高交通系统的运行效率，为城市交通、物流运输等场景赋能。

智慧教育

AI与学习管理、学习测评、教学认知思考等环节紧密结合，持续提升教育智能化水平。从学习管理环节来看，采用图像识别、文字识别等技术实现拍照搜题、作业批改；从学习测评环节来看，利用自然语言处理、深度学习等技术实现口语测评、组卷阅卷；从教学认知思考环节来看，通过知识图谱、自然语言处理等技术开展规划学习路径、预测学习进度、教学评价等工作。通过AI与教育场景的深度融合，为教学活动参与者持续赋能。对学生而言，通过智能设备进行数据分析，实现对学习情况的个性化分析，提升学习效率与质量；对教师而言，通过引入AI技术实现教学手段的多样化与智能化，为教师教学减负增效；对教育管理者而言，人工智能为教学评价提供辅助决策与建议，为教学管理提供科学支撑，有效提高教学质量。

智慧金融

AI成为变革金融产业的全新力量，推动金融领域开启全方位、多层次数字化转型。AI凭借其在机器学习、图像识别、自然语言处理等方面的强大能力逐渐渗透到金融各项业务与服务环节，从而拓展金融业务与服务的广度与深度，大幅提高金融行业的经营效率。具体来看，AI与金融行业的融合体现在产品创新、精准营销、智慧运营、风险评估等多方面，并在智能投研、智能投顾、智能运营等细分领域全方位赋能金融业创新发展。在金融服务方面，AI所具备的内容理解、语义分析、预测结果等能力，在金融咨询、金融分析等细分领域存在广泛的应用场景。典型的智能客服应用，通过自然语言处理技术更好地解答客户提出的各类金融问题。在风险管理方面，AI技术能够实时分析海量的交易数据，利用机器学习算法对各类风险进行识别预测，能在信贷、反欺诈、异常交易监测等领域持续提升金融风险防控的精度和效率。

二、大模型的兴起

2017年，谷歌在一篇具有开创性的论文“Attention Is All You Need”中首次提出Transformer架构，这一突破性的架构催生AI大模型的全球开发热潮。基于Transformer架构，AI大模型迅速发展，并在多个领域展现出卓越的能力，彻底打破了传统方法的局限性。本节将围绕OpenAI、谷歌、Meta三家在全球范围内具有影响力的科技领军企业，深入探讨大模型的发展历程。从OpenAI的GPT系列模型，到谷歌的BERT、Gemini模型，再到Meta对Llama系列开源大模型的探索，不仅展示了大模型在推动AI变革方面的核心作用，也揭示了大模型所具备的强大多任务处理能力，推动AI进入全新的时代。

（一）OpenAI发布的系列大模型

OpenAI是一家创办于2015年的科技企业。2018年，OpenAI发布的GPT-1基于Transformer架构改进而来。GPT-1的主要训练方法为：通过学习大规模文本数据后得到高容量的语言模型，在此基础上通过标注数据对该语言模型进行微调。GPT-1的最大优点在于其特征处理器采用Transformer架构，通过自监督的预训练结合有监督的标注数据微调有助于捕捉更长的记忆信息，拥有优异的泛化能力。

2019年，OpenAI在GPT-1的基础上发布GPT-2。GPT-2的最大改

进在于模型利用大量无监督数据学到的内容迁移到其他任务时不需要额外的标注数据，也不需要额外的模型训练。与GPT-1相比，GPT-2的数据扩大近8倍，虽然有效提高了模型的能力，但模型最终表现效果较为一般。因此，2020年OpenAI发布的GPT-3在延续GPT-2使用更大的模型与数据集的同时，还希望模型在训练中可以像人一样通过较少的数据学习掌握一项技能。GPT-3与之前模型相比的最大区别是引入稀疏注意力，但仍存在无法展示模型如何作出决策、模型训练成本较高等问题。

在大语言模型发展的同时，OpenAI也积极探索图像生成模型的研发。2021年，OpenAI发布的基于GPT-3架构的图像生成模型DALL·E，根据自然语言直接运用Transformer架构生成图像，但仍存在生成图像质量较低、图像模糊和不精确、对复杂提示的理解能力有限、生成结果与输入描述不完全匹配等问题。

在之前大量模型训练的基础上，OpenAI于2022年底发布ChatGPT。与之前的模型不同，ChatGPT采用了RLHF（人类反馈强化学习）方法进行微调，加强了模型上下文理解与对话能力。在此前基础上，2023年，OpenAI发布首个具备多模态能力的大模型GPT-4，其能处理多种类型和格式的数据，如文本、图像、音频、视频等，在处理复杂任务时更可靠、更有创意。并于2024年发布GPT-4o与OpenAI o1推理模型，其中GPT-4o在GPT-4多模态大模型基础上实现了“端到端”的全新升级，能够同时处理和生成文本、图像和音频等多模态内容，而无须分别处理；OpenAI o1推理模型引入思维链机制，能将复杂问题分解为若干个细小的步骤，从而进行逐步推理提高模型的准确性和可靠性。

2024年，OpenAI推出了Sora视频生成模型，该模型采用扩散模型与Transformer相结合的架构，具备强大的视频生成能力。Sora通过在可变时长、分辨率及宽高比的视频与图像数据上进行联合训练，实现文本条件控制下的高质量视频生成。相较于其他文本生成视频模型，Sora具有更高的时空建模能力和理解复杂动态场景的能力。其创新性体现在能够基于自然语言提示词直接生成最长60秒的高质量连贯视频，并精准映射用户输入的语义信息，确保生成内容在视觉、语义及逻辑层面上高度一致。此外，Sora采用高效的采样策略和优化机制，在提升生成质量的同时显著降低计算成本，在视频创作、影视制作、广告营销等应用场景中具有广泛的应用价值。

（二）谷歌发布的系列大模型

2017年，谷歌首次提出Transformer架构后，于2018年发布了基于Transformer架构的预训练语言模型——BERT。与GPT采取从左到右或从右到左进行单向预测方法不同，BERT模型采取双向上下文理解的方法，在训练时同时考虑句子的前后文信息，并通过深度神经网络使模型在处理问答、情感分析、文本分类等任务具有更强泛化能力。然而，BERT也具有计算资源要求高、训练时间长、存储占用大等局限性。因此，2020年，谷歌在BERT基础上发布了GShard模型。与BERT采用的Transformer架构不同，GShard模型采用分布式Transformer架构，可训练数千亿甚至上万亿参数的超大规模模型，并通过张量切分与专家混合技术，优化计算效率，实现高效的参数存储与调度。在训练方面，GShard采用稀疏激活机制与异步并行训练，使其实现比BERT更低的延迟和更高的吞吐量。[①]

---

① Lepikhin, Dmitry et al. "GShard: Scaling Giant Models with Conditional Computation and Automatic Sharding". *ArXiv abs*/2006.16668 (2020).

2021年，谷歌在之前模型的基础上发布了专门针对对话场景优化的LaMDA大语言模型，旨在提供更自然、流畅且上下文丰富的对话交互。该模型专注于长期对话流畅性，通过语境跟踪、主题转换，使对话在长时间交互中保持相关性，确保连续多轮对话逻辑保持一致，避免出现常见的无关或重复回答。但该模型仍然依赖于训练数据，对快速变化的领域可能无法准确回答，需要外部信息更新。

谷歌的PaLM系列大模型旨在提高计算效率、通用性和多模态能力，是谷歌基于Pathways架构在大语言模型领域的重大突破。PaLM系列在迭代过程中集成了自注意力机制改进、局部注意力、混合专家等技术，推动了自然语言处理、代码生成和多模态理解等方面的进步。PaLM-E是在PaLM基础上扩展，专为具身智能任务设计的模型。与传统大语言模型与机器人任务结合方式不同，PaLM-E通过将机器人多模态传感器数据进行编码并直接嵌入PaLM的输入数据中，使模型能以端到端方式进行感知、推理与决策。这一创新性架构使PaLM-E能在复杂具身任务环境中进行高效推理与学习，实现从感知到执行的完整闭环。此外，PaLM-E具有较强的跨模态泛化能力，推动了机器人在自主操作、交互理解及多任务执行等领域的技术进展，为通用人工智能在机器人中的应用奠定了基础。

Gemini系列模型标志着谷歌在大语言模型和多模态模型方面取得了重大突破。Gemini系列模型在文本、图像、音频、视频和代码等多种数据类型上表现出色，主要采用原生多模态训练、深度跨模态交互等核心技术，融合不同模态数据，提升模型的推理能力和理解深度，体现谷歌在多模态整合、推理能力和效率优化方面的深厚积累。2025年最新推出的Gemini 2.0系列模型，涵盖功能强大的2.0 Pro版本、2.0

Flash轻量版本、2.0 Flash Thinking推理模型。此外，Gemini 2.0系列模型在前代基础上增强了多模态功能，具备生成图像和音频能力，AI Agent能力与模型紧密融合，通过记忆、工具、规划、执行等能力完成一系列任务。

在图像生成模型方面，谷歌也积极参与研发。在2024年谷歌发布其图像生成模型——Imagen 3与视频生成模型——Veo。Imagen 3主要聚焦高质量的静态图像生成，对自然语言提示词的理解能力大幅提升，无须复杂的提示词工程即可准确执行用户意图，能够准确呈现指定的镜头角度、构图等元素。Veo生成的视频在细节一致性方面表现出色，能够根据上下文关键词或图像提示生成高达1080P分辨率的视频，支持不同视觉与电影风格，并针对视觉元素的精准呈现进行优化。

（三）Meta发布的系列大模型

OpenAI与谷歌不断开发AI大模型的同时，Meta也不断加紧大模型研发的步伐，在2019年发布Meta首款AI大模型——RoBERTa。该模型改进了Transformer架构与BERT模型的训练约束，其训练数据依赖于从网络上绘制的未标注文本，而非针对特定任务标记的语言语料库。

2022年，Meta发布了Make-A-Video视频生成模型。2023年，Meta发布了CM3leon文生图模型。作为使用从纯文本语言模型改编的多模态模型，其包括大规模检索增强预训练阶段和多任务监督微调阶段。在文本到图像生成方面实现了最先进的性能，并且训练量与之前模型相比大幅减少，极大提高了运行效率。同年，Meta还发布了视频生成模型——Emu，该模型旨在从文本生成视频内容，采用分解式生成方法，以低成本与高效从文本生成视频内容等优势闻名。

三、大模型与传统AI的本质区别

大模型与传统AI的本质区别体现在技术架构、应用场景和产业影响路径三个核心维度。

（一）技术架构：从“小而专”到“大而泛”

传统AI依赖规则引擎和少量标注数据，模型参数通常为千级至百万级，结构简单且可解释性强，如早期的图像分类模型。而大模型基于深度学习框架，参数规模达万亿级（如GPT-4），通过海量多模态数据（文本、图像、视频）预训练获得通用能力，但“黑箱”特性显著，决策过程依赖概率化输出。例如，传统语音助手仅能执行固定指令，而大模型可理解上下文并生成创造性回复。

（二）应用场景：从单一任务到复杂系统

传统AI聚焦高可靠性、低功耗场景，如工业质检、法律文书审核，其优势在于可追溯性和嵌入式部署。相比之下，大模型驱动两类革新：一是复杂语义任务（如多轮对话、情感分析），二是创造性生成（如科研假设推导、跨模态艺术创作）。例如，传统AI在医疗领域仅能辅助影像分析，而大模型可整合病例数据、基因组信息实现个性化诊疗。

（三）产业影响路径：效率优化vs生态重构

传统AI以单点效率提升为目标，如生产线自动化。而大模型通过平台化能力重塑产业协作模式，如百度Apollo平台整合感知、决策模块，推动自动驾驶从技术研发到商业化落地的全链条创新。这种变革催生了“AI原生应用”生态，例如，基于大模型的智能客服系统可同时处理咨询、销售、售后等环节，替代传统需多个专用系统协同的复杂流程。

四、AI发展路径的关键节点回顾

AI的发展路径历经多次技术范式转换与行业兴衰，可归纳为以下五大阶段的关键节点和脉络。

（一）理论奠基期（20世纪50—70年代）

符号主义主导：以逻辑推理为核心，1950年图灵提出“图灵测试”，1956年达特茅斯会议确立AI学科，早期研究聚焦定理证明、跳棋程序等符号逻辑系统。20世纪70年代，因技术局限性（如感知机缺陷、专家系统推广困难）遭遇首次寒冬，学界开始转向知识表示和实用性探索。

（二）知识驱动期（20世纪80—90年代）

专家系统兴起：基于规则库的专家系统开始在医疗、金融领域应用，如MYCIN诊断系统，但面临知识获取瓶颈。1982年的Hopfield网络和1986年的反向传播算法（BP算法）推动神经网络研究复兴，但因算力不足导致出现第二次低谷。

（三）数据驱动期（21世纪前期）

统计学习崛起：支持向量机（SVM）等算法突破，结合互联网数据积累，推动语音识别、图像分类技术进步。2012年，AlexNet在ImageNet竞赛夺冠，GPU算力与大数据支撑深度神经网络爆发，开启CV/NLP领域新纪元。

（四）融合创新期（2016—2022年）

强化学习突破：AlphaGo（2016）结合蒙特卡洛树搜索与深度强化学习，具备了复杂决策能力。值得注意的是，生成式AI崛起：Transformer架构（2017）和大模型（如GPT-3）推动了AIGC产业的爆发，2022年ChatGPT的发布标志着自然语言交互达到了新高度。

（五）生态重构期（2023年至今）

技术瓶颈显现：数据依赖性强、能耗高、可解释性差等问题凸显，如大模型幻觉现象。随之而来的治理与伦理问题升级，各国出台AI伦理框架（如欧盟《AI法案》），以隐私计算、联邦学习等技术解决数据合规问题。

AI呈现“理论→知识→数据→应用→治理”的螺旋演进路径，核心驱动要素从符号逻辑转向数据算力，再向多模态融合与价值对齐扩展。当前，AI正处于技术深化与社会治理并行的关键节点，需平衡创新速度与风险控制。

五、为什么大模型被称为通用人工智能的起点

传统AI（如深度学习模型）通常针对单一任务设计，依赖大量标注数据和定制化算法，呈现“碎片化”特点。而大模型通过预训练+微调的技术路径，利用海量无标注数据（如互联网文本、图像等）进行自监督学习，构建出统一的知识表征体系。这种模式不仅降低了数据标注成本，还让模型具备跨任务、跨模态的泛化能力。例如，GPT系列模型通过Transformer架构的统一处理，实现了从文本生成到代码编写、数学推理的通用能力。这种技术突破被视为从专用人工智能迈向通用人工智能的关键转折。

大模型展现出接近人类智能的理解、生成、逻辑与记忆四大核心能力。例如，在理解层面，大模型能解析复杂语义并关联多模态信息；在生成层面，其可创作连贯文本或图像；在逻辑层面，其能完成数学推导和规划任务；在记忆层面，其通过参数化知识库实现长期信息存

储。这些能力的综合运用，使大模型能应对开放场景下的多样化需求，而非局限于单一领域，逐步接近人类思维的连贯性。

大模型正从“被动响应”向“主动交互”演进。通过智能体（Agent）技术，大模型可调用外部工具（如代码解释器、API接口）完成任务，形成“思考—行动”闭环。例如，代码智能体可将自然语言需求转化为可执行程序，实现复杂任务的自动化处理。这种与环境动态交互的能力，是传统AI缺乏的，也是实现AGI“像人类一样行动”的核心要素。

大模型推动了AI从“实验室技术”向“基础设施”的转变。通用人工智能就像“新时代的发电厂”，强调其作为基础技术平台的通用性。从医疗诊断到工业制造，大模型通过微调即可适配不同场景，解决传统AI需重复开发模型的痛点。这种规模化复制能力，使其成为支撑通用人工智能落地的核心引擎。

尽管大模型仍存在幻觉、训练推理能耗高等问题，但其展现的通用性、交互性和可扩展性，为实现通用人工智能目标提供了可行路径。未来，随着多模态融合与智能体技术的成熟，大模型或将成为通用人工智能时代的核心基础设施。

（一）何为通用人工智能

通用人工智能（AGI，Artificial General Intelligence）是一种具有广泛学习和推理能力的，能够像人类一样执行各种复杂任务的智能系统。与专门针对某一特定任务或领域进行优化的AI技术不同，通用人工智能不局限于特定的应用场景和信息的简单交互，而是具备广泛的适应能力、学习能力和自主决策能力。通用人工智能通常被视为AI研究的“圣杯”，其代表AI发展的最高境界，即创造出能够像人类一样思考、学习和适应各种复杂情境的智能系统。

通用人工智能应具备以下核心能力：①理解与推理。不仅是在狭窄的领域内处理数据，而是能够进行一般化的逻辑推理和问题解决。②学习与适应。能够像人类一样不断学习新的技能和知识，并将其应用于从未遇到的情况。③知识转移。在不同领域之间转移和应用知识，而不是只在一个领域内工作。④自主意识。拥有某种形式的自我意识，能够理解并响应其环境中的复杂性。

通用人工智能的发展路径可分为萌芽期通用人工智能、超人通用人工智能和终极通用人工智能。其中，萌芽期通用人工智能（Embryonic AGI）通常在特定基准任务上表现优于或等同于人类水平。超人通用人工智能（Superhuman AGI）在现实世界任务和应用中能完全取代人类。终极通用人工智能（Ultimate AGI）在给定可能模糊且高层次的目标时，其系统能够完全自我进化，无须人类的任何干预。①

狭义人工智能用于执行特定任务，如语音识别、图像识别、语言翻译等。相关系统基于特定算法专注于特定领域，但不能学习或适应新情况。人类每天互动的AI场景大多属于传统AI范畴，如Siri、智能音箱、自动驾驶汽车等。尽管这些系统可以执行复杂的任务，但其没有意识，也不能理解或体验世界。

相比之下，通用人工智能旨在实现更广泛形式的智能，能够执行任何人类任务。通用人工智能系统旨在处理各种任务和领域，不同专注于特定领域的狭义AI系统，其目标是创建能够无缝切换不同任务的

---

① Tao Feng, Chuanyang Jin, Jingyu Liu, Kunlun Zhu, Haoqin Tu, Zirui Cheng, Guanyu Lin, Jiaxuan You. "How Far Are We From AGI: Are LLMs All We Need?" *Machine Learning Research* (2024).

系统，展示出类似于人类的泛化能力和适应性。通用人工智能应具备自主学习的能力，能够在无须大量人类干预或预编程的情况下学习新技能和知识，并适应新环境。

（二）大模型的潜力

业界认为，大模型成为通用人工智能的主要实现路径，一是技术的通用性，二是能力的全面性。在技术的通用性方面，大模型在解决不同任务、语言、模态、场景等方面的通用性提升；在能力的全面性方面，理解、生成、逻辑、记忆是AI的四项基础能力，其他各项AI的典型能力，无论是创作、解题、代码，还是规划、决策等，基本上都是这四项基础能力的综合运用。四项基础能力越强，则越接近通用人工智能。

大模型对于通用人工智能的潜在价值主要体现在以下三个方面：①知识泛化能力：大模型通过大规模的数据训练，能够学习到更广泛、更深入的知识，从而具备更强的学习与适应能力。通用人工智能需要在不同的任务和环境中自主学习与适应。②多模态学习与融合：大模型能够同时处理和整合来自多种感官输入（如视觉、听觉、触觉）的信息，实现多模态学习与融合。通用人工智能需要像人类一样处理各种不同类型的数据。③拓展AI技术边界：大模型的发展不断推动AI技术边界，为通用人工智能的实现提供了更多可能性和技术支撑。

第二节　推动AI发展的关键要素

AI发展需构建“技术—资源—生态”闭环：数据、算法、算力奠定技术底座；人才与资金加速研发突破；政策引导与场景落地推动产业化。

数据是AI运行的“燃料”，覆盖结构化与非结构化类型（如文本、图像、音频等）。高质量数据支撑模型训练与优化，尤其在医疗影像识别、自动驾驶等领域需求激增。算法决定AI的智能水平，深度学习框架（如TensorFlow、PyTorch）降低了技术门槛，加速模型开发。例如，生成式AI通过算法创新实现文本、视频等多模态内容生成。算力是AI发展的基石，GPU、云计算等的技术突破推动了处理效率提升。

从当前产业发展需求来看，尽管我国在基础大模型领域的创新成果显著，但在基础设施层和应用层仍存在诸多产业链断层现象，使得AI在垂直行业的落地面临重重挑战。以医疗、金融、制造等传统行业为例，这些行业对智能化需求迫切，但由于业内缺少统一的算力调度和模型适配平台，很多企业往往需要自建算力集群，并解决异构算力混推、混训等难题，加之高质量、可信流通的数据资源有限，推高了垂类模型的研发训练成本，导致应用难以落地；而在无人驾驶、具身智能等AI新兴领域，还亟须通用的开发工具链体系，以支持算法模型在仿真模拟环境中的训练与迭代，实现更高的通用性和泛化性。面对这些挑战，产业界迫切需要能够提供全栈AI能力的统一底座平台，以及面向传统行业和新兴产业不同需求的产业发展平台，为应用层提供可靠稳健的智算和数据服务，以及配套完善的垂类模型解决方案和开发工具链。

在行业发展趋动和市场需求下，一些央企、国企基于自身对行业的深刻洞察和丰富产业链发展实践经验启动相关AI+行动。例如，北京电控集团面向AI领域布局的高科技企业北京电子数智科技有限责任公司（以下简称北电数智）提出的“一个AI底座、两个产业平台”，将技术和应用端打通对齐，有效聚合产业资源和生态资源，打通从基础设施到应用落地的闭环。

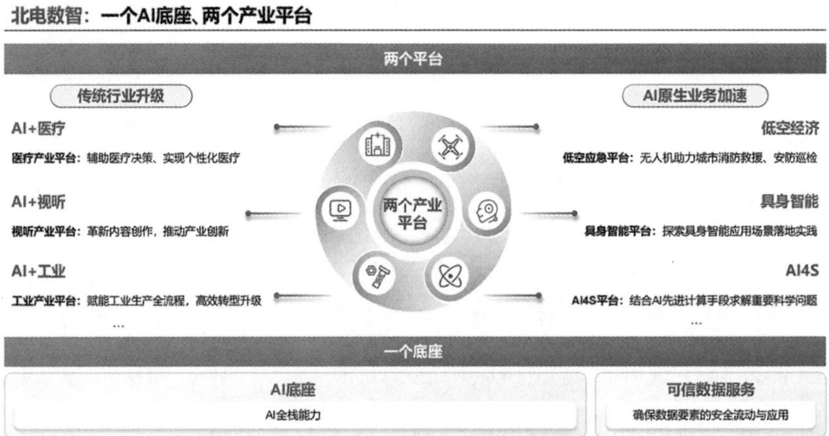

图4　一个AI底座、两个产业平台

其中，“一个AI底座”涵盖AI计算基础设施与AI数据服务，满足自动标识与数据采集（AIDC）全生命周期业务需求；“两个产业平台”即“传统产业赋能平台”“新兴产业加速平台”，核心是加速AI应用落地。

AI计算基础设施以混元算力调度平台为中枢、训推服务为技术转化纽带、数据服务为燃料，形成“算力—算法—数据”的协同生态，解决智算中心行业结构性矛盾，帮助企业训好模型、做好推理。同时，结合AIDC建设和运营，助力算力消纳，构成完整的AI计算基础设施，降低企业AI开发成本，加速传统产业智能化升级与新兴产业技术孵化。

混元算力调度平台通过异构算力的智能调度，实现算力资源的高效利用，让国产算力从单卡可用到集群好用。平台可在纳管大规模多元异构的算力集群的同时通过AI异构计算平台进行算力的灵活调度，并实现芯片与大模型的灵活解耦与适配，以软件定义硬件，加速国产算力的性能提升。平台还提供训推一体化服务，覆盖模型训练、调优、推理全流程，降低技术门槛，支持大模型在多行业多场景中落地应用，同时还以精细化的运维方式，满足客户不同方式的算力使用需求，提供极具性价比、无底层硬件感知的算力服务，让国产算力用起来、更好用。

AI数据服务包括数据开发、可信使用、流通等环节，解决垂直场景数据难以流通与使用的问题。传统数据主要服务于人工查阅和事实记录需求，难以直接应用于AI训练。北电数智的AI数据服务充分考虑了AI的使用需求，全面覆盖数据的采集、管理、处理、安全合规等多流程，使AI能够直接从原始数据中挖掘高价值信息，让数据价值充分发挥，帮助企业降低数据管理成本、提升数据利用效率、保障数据安全合规、实现数据可信流通，加速智能化转型。

如何在大模型训练和推理过程中保障数据安全及开发安全，是实现AI发展闭环的重要问题。可信数据空间是AI数据服务的重要组成部分，能够为数据要素的安全、高效流通提供关键支撑，是数据要素与AI价值的最大化释放路径。北电数智的“红湖·可信数据空间”，通过构建安全、可信的数据环境，让数据能自由汇聚、共享和流动，从而释放数据要素价值，为AI发展提供数据燃料。

依托“AI底座”提供的全栈AI能力和AI数据服务支撑，北电数智的传统产业赋能平台和新兴产业加速平台，可分别面向传统产业的转型升级，以及新兴产业的前沿创新提供赋能和加速支持。“两个产业平台”的高效运营，能够有效提升地方产业竞争力，推动产业AI化和AI产业化发展。

针对医疗、制造、金融等传统产业，教育、交通、政务等城市管理，以及企业的智能化转型升级需求，北电数智“传统产业赋能平台”

聚焦打造AI生产力引擎，通过系列垂类模型矩阵，将AI能力转化为新质生产力，让场景充分打开，大力推动“AI+”发展。以医疗行业为例，北电数智与国内多家三甲医院合作，辅助医疗决策、实现个性化医疗服务；面向城市发展，北电数智赋能多个城市打造“AI底座”，支持创新行业孵化与传统行业革新。在企业服务领域，北电数智助力开发AI原生企业服务，推动AI智能体进入工作流，推动“可信AI赋能千行百业”。

面向具身智能、无人驾驶、低空经济等新兴产业的创新技术孵化和应用落地需求，北电数智“新兴产业加速平台”构建了“AI进入物理世界”的共性技术平台，提供通用开发组件、物理直觉模型、虚拟仿真环境、训练数据工具等服务，助力AI原生业务加速提效。在该平台支持下，北电数智在具身智能领域与合作伙伴联合成立机器人联合实验室，推动技术突破与具身智能场景化落地；在无人驾驶领域，与多家无人驾驶产业链上下游领先企业建立生态合作关系，共同构建无人驾驶训练场；在低空经济领域，助力客户构建“地空协同”AI底座，赋能低空监管。

“一个AI底座、两个产业平台”的发展思路，应由懂芯片、懂模型、懂数据、懂场景、懂产业，对产业发展具有深度洞察和理解，能够从顶层认知梳理行业变革与挑战的国企牵头搭建，推动AI技术在各城市、各行业领域逐步落地。北电数智在实践过程中，基于AI产业领先的端到端“AI底座”运营模式，不断推动智算中心的持续建设和深度运营，并基于地方产业结构和实际算力需求进行“AI底座”的持续扩容，有效支撑传统产业的AI升级，实现商业化增长，进而带动产研创新，拓展新兴业务，形成完整的在地AI生态运营体系，助力地方政府构筑新型产业高地。

一、算力的支撑与限制

通过前文的描述，不难看出，CPU（逻辑控制）、GPU（并行计算）、FPGA（可编程加速）、DPU（数据流处理）等不同架构芯片各有优势，所以，芯片性能瓶颈驱动异构融合，单一芯片无法满足复杂任务需求。从芯片到算力体系的构建是一个从底层硬件到上层应用的系统性工程。

底层芯片是多元异构计算的物理基础。不同架构的芯片（如CPU、GPU、FPGA、DPU）在算力体系中承担差异化角色：CPU适合逻辑控制，GPU擅长并行计算，FPGA满足低延迟需求，DPU则优化数据流处理。当前，单一芯片的性能瓶颈推动异构融合趋势，例如，英伟达Grace CPU超级芯片整合了x86与GPU架构，实现能效提升；AMD通过CPU+FPGA组合扩展应用场景。但国产芯片生态面临碎片化挑战，市场上存在5种以上CPU架构和10余种GPU生态，亟须通过UCIe等接口标准实现互联互通，突破"生态竖井"。因此，多元异构计算是整合算力资源的核心范式，通过组合不同的芯片类型来平衡性能、能效与成本。

当然，异构计算也面临生态兼容性难题，需建立统一编程接口和评测体系降低开发复杂度。基于这种现状，北电数智推出了国产算力PoC平台，能够有效降低国产算力芯片的验证成本，解决研发与应用脱节问题，对提高商业转化具有显著的促进作用。一方面，该项目可展示国产芯片在不同AI应用场景下的实际能力和性能表现，让大模型提供方和AI应用开发企业直观了解不同国产芯片的最佳应用场景；另一方面，也可为AI企业或互联网企业提供针对不同垂类场景的国产芯片性能评测验证服务，加速国产算力芯片在千行百业中的广泛渗透与应用。国产算力PoC平台的开放是北电数智促进国产算力芯片从“可用”到“好用”的重要举措，将通过“以评促用”的创新模式，帮助互联网企业和AI企业找到适合不同场景的“芯片+软件”最佳组合，从而带来高效、灵活且极具性价比的算力服务，由此加速国产算力的场景化应用和商业化落地，构建繁荣的国产异构算力应用生态。

二、数据质量与数据多样性的重要性

数据质量在大模型训练过程中起着至关重要的作用。无论是传统的机器学习模型，还是深度学习中的大规模神经网络，其模型性能均依赖于训练数据的准确性、完整性和多样性。

高质量数据对于模型训练的重要性体现在多个方面。首先，高质量数据能够提升AI模型的性能。准确、完整且丰富的数据能够为模型提供可靠的学习样本，使模型精准捕捉到数据中的内在规律和特征。如果数据不够全面或者存在偏差，那么模型可能会学到错误的规律，从而导致预测偏差。其次，高质量数据有助于增强模型的泛化能力。丰富多样的数据能让模型了解到各种不同的情况，从而具备更强的应对能力，这使得AI模型在面对从未见过的数据时，具有更强的适应和处理能力。

为提升数据质量，数据清洗是必不可少的步骤。检查和处理重复数据是一大难题，需要复杂的算法和技术；填补缺失数据也颇具挑战，简单删除缺失值可能造成信息的丢失，因此，需要谨慎选择填补缺失值的方法，避免产生误差；异常值识别的问题同样不能忽视。除了数据清洗，数据标注也是确保数据质量的重要环节。数据标注需要专业人员进行操作，在此过程中会耗费大量的时间和人力成本，且数据的标注涉及主观判断，误差不可避免，如何保证数据质量的问题尤为复杂。

此外，数据多样性在模型训练中起着至关重要的作用。多样性的数据集包括来自不同领域的文本，能够提升模型在多领域任务中的表现。与仅仅依赖高质量数据不同，数据多样性能够让模型接触到更丰富的特征和不同的场景，帮助模型在面对复杂、动态的真实环境时具有更强的泛化能力。

数据多样性也能使模型在跨领域任务中具有更好表现。跨领域任务要求模型能够应对完全不同的数据分布，例如，在进行图像识别任务时，包含多种场景和物体的训练数据可以帮助模型更好地泛化到新的图像识别任务中。在自动驾驶场景下，包含多样性数据的训练使汽车能够更好地识别道路标识、行人、其他车辆等多种物体，保障自动驾驶的安全性和可靠性。只有在训练阶段加入跨领域的多样化数据，模型才能学到更多通用特征，具有更强的普适性。

三、创新算法的推动力

算法是AI的核心，是将数据转化为智能决策的关键。算法的设计与优化是提升AI系统智能水平和应用效果的关键。近年来，AI领域涌现出许多前沿算法，极大地推动了技术发展。其中，自监督学习和强化学习是两个极具影响力的前沿算法。

（一）自监督学习

自监督学习是无监督学习的一种特殊形式。自监督学习在训练时不依赖人工标注的数据，主要是利用辅助任务从大规模的无监督数据中挖掘自身的监督信息，通过这种构造的监督信息对网络进行训练，从而可以学习到对下游任务有价值的表征。自监督学习表征的有效性，主要是通过“预训练—微调”的模式来评测的：首先在大量无标注数据上使用自监督学习进行训练，让模型获得通用的数据特征，然后再使用少量标注数据对模型进行微调。预训练模型的效果，取决于它在下游任务上的表现。

（二）强化学习

强化学习又称再励学习或评价学习，其允许智能体能够在与环境交互中通过试错来学习最优策略。强化学习的关键要素包括：智能体（Agent）、环境（Environment）、状态（State）、动作（Action）、奖励（Reward）。强化学习的特点包括：①在学习过程中没有监督者，只有激励信号；②反馈信号是延迟而非即时的；③学习过程具有时间序列性质；④系统的动作会影响到后续的数据。强化学习可分为策略迭代算法与价值迭代算法两种，典型算法包括策略梯度、Sarsa、Q-Learning、Actor-Critic、PPO等。强化学习在自动驾驶、推荐系统等领域存在广泛应用。

以上算法并不是相互排斥的，相关算法在不同场景下发挥独特的效能。强化学习算法结合多种技术特点，以更好地适应不同场景并提高学习效率。未来，随着计算能力的增强和数据获取的优化，强化学习有望在更多实际问题中发挥关键作用。

（三）算法偏见

算法偏见问题在全球范围内引发广泛关注。算法偏见是指在数据处理与决策过程中，由于数据、设计或部署的缺陷，系统对特定群体或者个体产生系统性、不公平的偏差。算法偏见可能会导致算法歧视。算法偏见有多种成因：第一，数据偏见。算法以高质量数据进行训练或计算。若用于训练的数据存在偏差，数据带有明显的歧视性，就有可能形成算法偏见。第二，算法设计偏见。如果算法的设计和建模过程使用不合适的模型结构，算法可能会对某些信息过度敏感或忽视，从而产生偏见。

算法偏见会加剧社会不平等，造成信任危机。例如，一些面部识别技术对肤色较深人群和女性的识别准确率显著低于白人群体和男性，原因是模型在训练过程中使用白人群体和男性的照片较多；在招聘筛选中，算法可能会因为历史数据中女性在某些行业的比例较低而优先选择男性候选人；信贷评分算法在评估贷款申请时，对某些少数族裔群体进行不公平的信用评估等。这些事件表明，算法偏见不仅仅是技术问题，更是社会问题。

（四）算法“黑箱”

算法“黑箱”是指一些算法在决策过程中缺乏透明性或可解释性，外部人员无法清晰理解算法如何作出特定的决策。简而言之，算法的内部工作原理像是一个“黑箱”，阻碍使用者或开发者理解算法内部的路径。算法“黑箱”产生的原因很复杂：第一，算法本身具有复杂性。一些现代算法涉及数百万甚至数十亿个参数，模型内部结构十分复杂，且一些算法具有自动学习特征，能够从数据中学习人类难以理解的抽象特征，从而导致算法的不透明性。第二，商业秘密保护或技术外行等主观原因所导致的算法不透明性。

算法“黑箱”的存在带来诸多问题。首先，算法“黑箱”会造成信任缺失。用户对一些无法理解的决策会持怀疑态度，尤其是在医疗、司法、金融等高风险领域。其次，算法“黑箱”带来不公平问题。如果算法不透明，就没有足够的可解释性，决策过程中的算法偏见或歧视就难以被发现，某些群体可能遭受不公平待遇。最后，算法“黑箱”会加剧信息不对称现象。掌握算法的一方拥有对数据处理和决策的绝对控制权，而普通用户却只能被动接受算法输出的结果，这使得用户处于明显的弱势地位，难以维护自身权益。

（五）未来算法模型发展方向

在AI领域，深度学习、强化学习等技术正在不断突破传统计算的极限，带来前所未有的变革。当前阶段，AI算法的演进与大模型的发展密不可分。本部分将结合引发业界广泛关注的DeepSeek系列模型取得的突破，探讨AI算法的发展趋势。

DeepSeek-V3、V2.5版本都采用MoE架构，即混合专家模型（Mixture of Experts，MoE）。MoE模型包括专家网络和门控网络两个核心机制。专家网络由多个专业化的子模型（即“专家”）组合而成，每一个“专家”都处理其擅长领域内的任务。MoE模型的核心思想是通过选择性激活子模型（专家模型）来提高模型的计算效率和表达能力。MoE模型可以通过不同的方式优化计算资源的使用，提升模型的泛化能力和计算效率。

DeepSeek-R1模型通过采用知识蒸馏技术，让海量知识传递给更小的模型。具体而言，向小模型输入大模型解决问题的示例，使小模型学习大模型的推理和决策方式。知识蒸馏后的模型针对特定任务进行微调。例如，针对编程任务，用大量代码数据训练，让模型掌握编程语言语法、语义和常见编程模式，以更准确高效地生成代码；针对数学任务，使用各种数学问题和解题思路强化训练，提升模型数学计算、逻辑推理能力。原始DeepSeek-R1模型参数众多，运行成本高，而蒸馏版本的模型，成本低、运行快，还能保持出色的性能。

此外，DeepSeek模型的革命性创新还体现在模型预训练和后训练上。DeepSeek-V3在预训练和后训练阶段采用大规模多标记预测，通过预测多个Token①来提高模型性能，提升训练效率。DeepSeek-R1还利用强化学习实现连贯输出，并且输出的内容是有用无害的。在预训练之后，R1模型在合成数据集上进行微调，获得推理能力。使用推理模型的输出进行微调后，将非推理的较小模型转换为推理模型，从而提高小模型的推理性能。另一个关键创新是多头潜在注意力。注意力机制的核心思想是让模型在处理输入信息时，能够自动聚焦不同位置的重要信息。“多头”意味着模型可以从多个角度对输入数据进行分析和理解，并行对输入进行处理，大幅减少每个查询所需的KV Cache（键-值缓存）数量，从而减少所需的硬件数量，降低计算成本。

第三节　生成式AI核心技术

生成式人工智能（Generative Artificial Intelligence）是AI领域的一个重要分支，主要通过算法和模型生成文本、图像、音频、视频、代码等内容。与传统AI侧重数据分析和处理不同，生成式AI不仅能够学习数据模式，还能根据输入生成具有逻辑性和连贯性的全新内容。这使得生成式AI能够模拟事物的内在规律并创造新颖的内容，而不仅仅局限于对已有数据的分析。

---

① Token是指处理文本的最小单位，可以是单词、词组、标点符号或字符。

生成式AI的核心技术体系以深度学习为基础，通过多种模型架构实现数据创造与内容生成。其核心包含以下四类技术：生成对抗网络（GAN）通过生成器与判别器的对抗博弈生成高仿真数据（如图像、音频），在艺术创作和医学影像合成中应用广泛；变分自编码器（VAE）基于概率建模重构数据并支持潜在空间操作，擅长连续性数据生成和异常检测，如药物分子设计与工业设备故障分析。自回归模型与Transformer架构通过序列概率建模生成连贯内容，其中Transformer架构凭借自注意力机制突破长序列处理瓶颈，支撑GPT系列文本生成、代码编写及多模态任务。扩散模型（Diffusion Model）通过逐步去噪过程生成高保真图像和视频。此外，大模型预训练与多模态融合通过海量数据训练构建通用生成能力，例如，GPT-4V整合文本、图像、语音实现跨模态交互，并结合微调技术适配医疗、法律等垂直场景。

一、Transformer架构的突破

Transformer架构是基于注意力机制的深度学习模型，最早是2017年谷歌在论文“Attention Is All You Need”提出相关的理论研究。该论文提出：Transformer架构基于多头自注意力机制，能显著缩短模型训练时间，实现更高的并行性与更好的长距离依赖建模能力，具有广泛的应用前景。

（一）Transformer架构的基本原理

Transformer架构主要由编码器与解码器两部分构成，其中每部分又由多个层叠加而成，引入多头自注意力机制，该机制使模型能够关注输入序列各个位置信息。

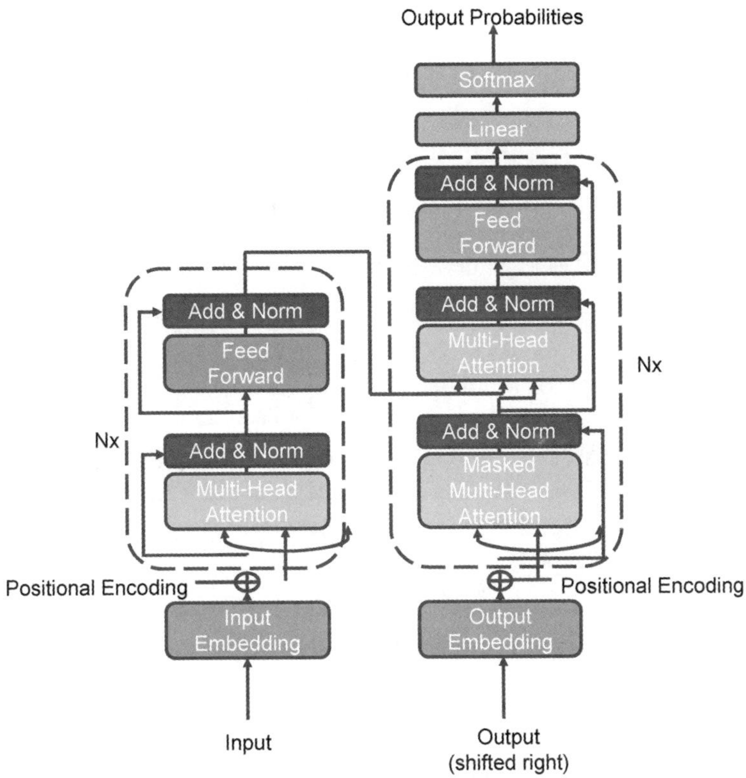

图5　Transformer架构图

(二)Transformer与传统架构对比

与循环神经网络(RNN)和长短期记忆神经网络(LSTM)传统架构相比，Transformer架构在处理长距离依赖关系方面具有显著优势。循环神经网络由于串行计算的性质，在处理长序列时面临梯度消失和梯度爆炸的问题，尤其是在捕捉远程依赖时，往往效率低下。尽管长短期记忆神经网络引入门控机制来缓解循环神经网络在长序列中遇到梯度消失的问题，但其仍然是一个逐步递归的模型，需要顺序地处理每个时间步的信息。循环神经网络和长短期记忆神经网络通过逐步传递信息的方式依赖于先前的状态来生成当前状态，因而在处理长距离依赖时会丧失上下文信息。相比之下，Transformer架构通过自注意力机制克服了这些限制。自注意力机制使每个输入元素能直接与其他输入元素进行交互，捕捉全局依赖，而不依赖于单向或逐步的信息传递。Transformer架构的并行计算能力可以同时处理序列中的所有元素，不仅可以加速计算过程，还可以提高对长距离依赖关系的建模能力。通过这种方式，Transformer架构能够有效地捕捉长距离的上下文关系，避免循环神经网络和长短期记忆神经网络在长序列中的记忆衰减问题。

表1　循环神经网络、长短期记忆神经网络、Transformer架构比较

项目	循环神经网络	长短期记忆神经网络	Transformer架构
结构特点	递归结构，每个时间步的输出依赖于前一个时间步的输出	基于RNN的扩展，加入遗忘门、输入门、输出门来控制信息流	基于自注意力机制，实现并行化，不依赖顺序计算
长序列处理能力	较弱，容易出现梯度消失和梯度爆炸问题，长序列建模困难	较强，门控机制帮助捕捉长期依赖，缓解梯度消失问题	非常强，自注意力机制可以高效地建模长距离依赖关系
计算复杂程度	逐步计算，难以并行	相比RNN，计算更复杂，因为需要计算门控机制	能够并行处理所有时间步，面对长序列与大模型时计算复杂程度高
适用任务	序列生成、时间序列预测等短期依赖任务	时间序列预测、文本生成、机器翻译等中长期依赖任务	机器翻译、文本生成、图像处理、序列到序列任务等
优势	结构简单，参数少，适用于较短的序列任务	能够有效捕捉长期依赖，较适合复杂的序列任务	高效的并行计算能力，长距离依赖建模能力强，表现优异
劣势	长序列建模能力差，容易出现梯度问题	计算复杂度较高，训练速度较慢，内存需求较大	需要较大的计算资源，尤其是序列长度较长时，内存消耗大

（三）预训练的概念与流程

预训练是在大规模未标注数据集上，针对模型进行初步训练的过程。[①]其基本思想是通过在广泛的数据上学习普适性的特征表示，从而赋予模型强大的基础能力。该过程通过多次迭代优化，旨在提取数据中的底层模式、结构特征及语义信息，为后续任务提供有效的知识迁移和支持。

（四）协同机制的实际应用

大模型的预训练与微调通过协同方式使模型在大规模通用知识学习和特定任务优化之间取得平衡。预训练阶段通过大量无标注数据和通用任务，帮助模型捕获广泛的语言或视觉模式，构建强大的表征能力和泛化能力。此阶段目标是让模型具备足够的背景知识，使其适应各种任务。在微调阶段，通过特定任务的标注数据进一步训练，针对特定场景进行优化，帮助模型从预训练获得的知识中抽取与任务相关的特征，并调整模型参数以提升在任务上的表现。预训练为微调提供基础，微调则通过专注于任务的细节，进一步提升大模型的精度和效率。两者协调合作，不仅能提高模型的训练效率，还使得大模型在不同领域能够迅速适应并发挥出更强的能力。

工业领域：为使大模型能够有效推动工业领域的高质量发展，有必要构建工业应用的专业大模型。[②]这一过程需要结合预训练和微调技术。在预训练阶段，需要收集大量无标注的工业数据和通用数据集，以帮助模型掌握应对工业场景的通用能力，并在此基础上为行业问题

① 陈德光、马金林、马自萍等：《自然语言处理预训练技术综述》，《计算机科学与探索》2021年第8期。

② 陈录城等：《智能工业时代：工业场景下的AI大模型体系架构与应用探索》，《数字化转型》2024年第1期。

的解决打下坚实基础。在微调阶段，利用特定工业场景的高质量标注数据，对预训练模型进行架构优化和参数调整，使其能够深入学习工业细分领域的专业知识，从而提升其在具体工业任务中的问题解决能力。

金融领域：在预训练阶段，大模型通过广泛学习来自互联网的海量文本，提升语言理解能力，能够处理复杂的金融术语、行话和多变表达。在微调阶段，针对金融领域的特定任务，利用较少的行业特定数据对模型进行精细调整，确保其能够理解和应对金融市场的具体需求。[①]通过预训练与微调的结合，减少对特定数据集的依赖，使模型能够迅速适应不同的金融任务，如市场分析、财务预测、风险评估等。此外，大模型的可扩展性和多模态能力能够高效处理和融合来自多种数据源的信息，包括文本、数字和视觉数据，为金融决策者提供更全面的洞见。微调进一步增强模型的定制化能力，使其能够专注于特定金融工具或市场条件，提升大模型在金融领域的应用精度和实用性。同时，通过微调的模型在金融领域的可解释性也得到进一步增强，为决策者提供更高的透明度和信任度。通过这一协同机制，预训练与微调不仅可提升模型的计算效率，还可为金融行业的智能化决策提供强有力的支持。

医疗领域：在预训练阶段，模型对大量医疗文献、病例报告和相关知识库进行学习，建立广泛的医疗领域背景知识。与此同时，通过医疗知识注入、医疗任务指令跟随和直接偏好学习等技术，有效提升模型对医疗数据关键信息的提取与分析能力。此外，通过对医学术语、

① Nie，Yuqi et al. “A Survey of Large Language Models for Financial Applications：Progress，Prospects and Challenges”. *ArXiv abs*/2406.11903（2024）.

治疗方案等方面的深度学习，使模型能够更好地理解复杂的医学语言，并在面对具体任务时具有更高的执行能力。在微调阶段，模型在特定医学数据集进行精细调整，通常包括大量的医学文本、患者病历、临床诊断结果和治疗记录等。通过利用特定领域的标注数据，微调使模型能够适应医疗语境的特殊需求，增强模型在处理病症诊断、药物推荐、治疗方案优化等特定任务时的表现。同时，微调阶段通过强化模型对特定医疗任务的理解，使其能够更精准地执行医疗决策和分析任务，进一步提高医疗领域AI应用的准确性和效率。通过预训练和微调的有机结合，大模型在医疗领域的应用不仅可为临床决策提供有力支持，还将在医疗服务智能化、个性化、精准化方面发挥着越来越重要的作用。

二、数据规模与模型参数的关系

2020年，OpenAI公司的研发团队基于Transformer架构发布的论文“Scaling Laws for Neural Language Models”，通过实验发现模型性能与模型参数规模、数据规模、训练资源之间存在着某种数学规律，并首次系统性地提出Scaling Law概念，影响了此后大模型的发展方向。要分析模型参数与数据规模对大模型表现性能的影响及二者之间的关系，需要了解Scaling Law的具体含义。

Scaling Law：核心观点在于增加模型参数和数据规模，能够提升模型性能，但这种提升的边际是逐渐递减的，模型性能提升与模型参数规模、数据规模之间存在着幂律关系。换言之，当数据量与参数规模增加到一定程度后，模型性能的提升会变得越来越小。

参数规模：通常指模型中可学习参数的数量，如神经网络层数、神经元数、权重矩阵大小等。在神经网络中，参数规模通常与模型的复杂度和表示能力直接相关。在Scaling Law中，在其他条件不变情况下，单位参数增加带来的模型性能提升是次线性的，随着模型参数规模的增加，性能的提升不是线性的，而是逐渐减小的，并且当模型参数量增加时，模型的表现提升呈现幂律关系。这表明，为最大化地提升性能，需要在合理参数范围内对模型进行扩展。因此，在构建大模型时，需通过优化算法、正则化、数据扩增等方法提高模型效率。

数据规模：通常指训练模型时需使用的样本数据量。在Scaling Law中，数据规模与模型表现之间的关系非常密切。增加数据量有助于训练出更具泛化能力的模型，尤其在大模型训练中，足够的数据量对于避免过拟合问题和提高模型准确度至关重要。与模型参数规模对模型性能的影响一样，在其他条件不变时，数据规模与模型表现之间的关系是次线性的，并且随着数据量的增加，模型的性能以幂律的方式提升。数据规模对模型表现的提升不仅仅体现在数量上，数据的质量和多样性也在其中起到重要作用。

基于上述对Scaling Law的分析，在实际应用中，要使大模型达到最优表现，关键在于理解数据规模和模型参数规模之间的递减效应，在二者之间找到合适的平衡点。尽管目前研究人员尚未对数据规模与模型参数规模的最佳比例达成一致，但已有共识认为：在模型训练的初期，应优先通过增加数据规模来提升模型泛化能力；当数据量达到一定规模进入“瓶颈期”时，适当增加模型参数规模有助于进一步提升模型性能。除此之外，在模型训练过程中，还应合理配置计算资源，采用高效的训练方法和动态调整策略，以确保在资源有限的情况下实现最佳的模型表现。

第四节　生成式AI的行业革命潜力

一、生成式AI的行业应用场景

生成式AI在制造、金融、医疗、教育、法律等多领域实现广泛应用，助力千行百业实现智能化转型升级。

（一）制造业应用场景

在制造业领域，生成式AI推动制造业向智能化、柔性化和高效化方向发展，成为制造业演变的重要驱动力，其主要应用于工业制造的研发设计、生产制造和供应链管理等环节。

在研发设计方面，生成式AI结合工业研发设计共同推动工业数字化进程，借助云计算进行推理训练，进一步优化软件工作效率，简化研发流程和复杂度，帮助企业提升效率与优化成本结构。生成式AI与EDA①的结合能够利用云端扩展性实现物理设计自动化，简化系统设计流程，缩短PCB②设计周转时间；生成式AI与CAE③的结合能够有效提升仿真效率，优化代码生成能力；生成式AI与CAD④的结合能够进一步对设计进行参数优化，并依据大量设计模块数据库生成推荐的设计草图。

在生产制造方面，生成式AI能够强化工业机器人的信息处理与感

---

① EDA（Electronic Design Automation，电子设计自动化），是一种利用计算机软件完成大规模集成电路设计、仿真、验证等流程的设计方式。

② PCB（Printed Circuit Board，印制电路板），是电子元器件电气相互连接的载体。

③ CAE（Computer Aided Engineering，计算机辅助工程），是把工程或产品各环节有机组织起来，使其产生并存在于工程或产品整个生命周期。

④ CAD（Computer Aided Drafting，计算机辅助制图），是利用计算机技术进行设计和制图的过程。

知执行等能力。一方面，机器可以通过GPT模型来理解人类的自然语言指令，同时GPT模型也可以帮助机器在执行路径规划、物体识别等任务时提供决策；另一方面，生成式AI与机器视觉的融合能够赋予工业机器人更为强大的感知执行能力，使机器人可以更精准地进行物体检测、缺陷识别和环境感知。

在供应链管理方面，生成式AI的应用能够全方位推动供应链的智能化升级。生成式AI不仅能够实现智能化运营管理，简化供应链订单管理流程，还能推动数字孪生系统构建，实现工厂管理的实时可视化。在供应端，生成式AI能够再造数字化办公流程，将模型集成在管理系统，通过自然语言指令实现人机交互，推动企业进行更高效的管理决策、更便捷的数据分析与可视化、更完善的产品设计和质量报告；在需求端，生成式AI能够更准确、更及时地预测市场需求，帮助企业优化库存管理，降低运营成本，提高资源利用效率，从而实现降本增效。

（二）金融业应用场景

在金融业领域，拥有大规模、高质量数据的金融行业被认为是生成式AI应用最有前景的行业之一。生成式AI不仅能够提升金融服务的效率与质量，也能提升行业的盈利能力。多家科技公司与金融机构紧密合作，利用生成式AI赋能投研、投顾、风控、客服等金融场景。

在智能投研方面，生成式AI可以综合处理金融数据，运用投研工具高效、快速地梳理信息，促进知识沉淀；在智能投顾方面，生成式AI能够利用强大的数据库、知识库和分析能力，提高投资组合的收益和风控能力；在智能风控方面，生成式AI能对剧烈波动的市场作出快速反应、科学评估风险类型和程度，提升金融机构风险模型的科学性；

在智能客服方面，相比于人工客服，生成式AI的经验更丰富、知识面更广、反应速度更快，不仅能满足线上咨询、信息查询等功能，而且能融入线下智能化网点的业务分流、扫码取号以及客户服务等过程中。

（三）医疗应用场景

在医疗领域，生成式AI正加速改变人们对疾病的诊断和治疗方式，通过与医疗多场景有机结合，生成式AI能够协助医生为患者提供更好的护理体验。

在疾病诊断与影像分析方面，生成式AI展现出高效性和高精度，尤其擅长处理复杂数据。对于罕见病，由于病例数据稀少，难以获取足够的医学图像用于研究和诊断，生成式AI可以根据已有的少量数据生成合成图像，扩充数据集，帮助医生和研究人员更好地了解罕见病的影像特征，提高诊断的准确性。2024年5月，谷歌发布了应用于多模态医疗领域的Med-Gemini系列模型，包含Med-Gemini-2D、Med-Gemini-3D以及Med-Gemini-Polygenic，实现生成式AI在放射学、病理学、皮肤学、眼科学和基因组学中的医疗应用。其中，Med-Gemini-2D能够在传统的2D医疗影像（胸部X光、CT切片、病理切片等）上执行分类、视觉问答和文本生成多项任务；Med-Gemini-3D可以理解并能够撰写3D研究放射学报告，如头部CT影像；Med-Gemini-Polygenic能够实现通过收集基因组信息，预测疾病以及健康状态。

在个性化治疗方面，生成式AI能够通过分析患者个体数据推动精准医疗和手术革新。通过综合分析患者的病史、基因组数据以及实时健康状况，AI系统能够为临床医生提供高度个性化的治疗建议。这种数据驱动的决策支持在肿瘤等复杂疾病的管理中具有重要意义，使医生能够在面对复杂病例时基于最新的研究和患者特征作出更为精准的临床决策。例如，IBM Watson Oncology利用自然语言处理技术分析海量医学文献和患者数据，为肿瘤患者推荐个性化治疗方案，在对应的治疗方案中能够预测患者对特定化疗药物的反应。

在药物研发方面，生成式AI的运用能够显著缩短药物开发周期，降低研发成本。新药研发是漫长而复杂的过程，伴随高昂的研发成本及高度不确定性，而生成式AI凭借其强大的自适应特征和学习能力，能够将其算法、推演等核心技术应用到新药研发的各个环节，在保证分析质量的同时，大幅降低药物研发成本，缩短研发时间，提高研发效率，使新药开发走上快速高效的道路。例如，Google DeepMind的AlphaFold仅用数小时即可预测蛋白质3D结构，破解困扰生物学界50年的难题，为靶向药物设计提供了关键基础。

（四）教育应用场景

在教育领域，通过在学生端与教师端综合运用生成式AI，能够显著减轻教师的备课负担，同时通过调整学习计划和内容推荐，实现学生真正的个性化学习。

在学生端，生成式AI可为学生提供自适应学习、口语陪练、在线答疑等学习支持。生成式AI只需通过少量题目就可以精准找到知识点薄弱项，自动调整难度和内容，提高学习效率，使学生能够从容应对学业水平测试。通过利用生成式AI进行主题对话、虚拟人对话，可自定义情景对话，实现真人式陪练，对话结束后系统能够立即给出准确度、流畅度、语法、词汇等维度的反馈。生成式AI能够根据学生的兴趣和特点定制个性化的学习计划和教学内容，提高学习兴趣和积极性。此外，生成式AI还能为学生提供智能辅导，解答疑惑，提供反馈和建议，帮助学生更好地掌握知识和技能。

在教师端，生成式AI可优化教学设计三大环节，创新规划单元教学设计、一键生成互动教学课件并进行智能教学评价。生成式AI可通过给出的提示词生成逻辑清晰的细分任务和课时的教学设计并直接修改细节；并且能够一键生成课件PPT，为PPT配上丰富多彩的背景音，秒速总结输出思维导图，布置实践作业。此外，生成式AI还能够通过对学生课堂专注度、活跃度、互动度、秩序度以及教师个人教学模式进行分析使教师更全面地了解课堂，帮助老师了解和掌握每一位学生的学习情况。

（五）法律应用场景

在法律领域，生成式AI能为法律专业人士提供一系列高效、精准的工具，显著提升工作效率和质量，被广泛应用于合同起草、研究分析、诉讼支持、法律报告与法律风险评估等法律领域。

在合同起草方面，生成式AI可用于生成合同、法律协议和其他类型的法律文件，节省时间并降低出错风险；在研究分析方面，生成式AI可用于生成法律案例、立法和其他类型法律信息的摘要，帮助律师和法律研究人员快速访问信息；在诉讼支持方面，生成式AI可用于生成法律案例摘要、证人报告以及诉讼中常用的其他类型内容；在法律报告方面，生成式AI可用于生成法律报告，如法庭诉讼摘要、法律意见和其他类型的法律内容；在法律风险评估方面，生成式AI能够通过分析企业合同、法律文书等自动识别风险点，提供风险评估报告，帮助企业降低法律风险。

二、从辅助工具到赋能中心的转变

在AI从辅助工具到赋能中心的转变过程中，AI Agent扮演着至关重要的角色。AI Agent是能够感知环境、自主规划、进行决策和执行动作以实现目标的智能体，其不仅是简单地执行预设指令，而是能够根据环境变化动态调整策略，具有高度的自主性和适应性。

AI Agent具备以下特性：第一，自主性。AI Agent能够在没有明确指令的情况下，独立规划和执行任务。第二，适应性。AI Agent能够根据环境变化和反馈，动态调整策略和行为。第三，具备学习能力。AI Agent能够通过机器学习和经验积累不断改进自身性能。第四，展现智能行为。AI Agent能够通过利用AI技术来展现推理、学习、适应和规划等智能行为。第五，目标导向。AI Agent旨在追求特定目标，表现出强烈的目标驱动特征，可优化行动以实现预期结果。第六，交互性。AI Agent可以与环境、其他智能体或人类进行交互，并根据上下文调整行为。

AI Agent在决策、生产和服务方面赋能工作流程。

在决策方面，AI Agent能够为企业提供数据支持和建议方案。其能够通过分析大量的数据为企业决策提供准确、及时的支持，企业员工的工作将被重新定义，从过去埋头于数据分析和报告逐步转变为专注于战略性思考和创新决策。AI Agent能够利用机器学习技术，处理和分析公司财务报表、现金流、利润与损失等各类数据，从中识别潜在的财务趋势、风险和机会，使得管理层能够更好地把握公司财务状况，作出科学的财务决策，避免传统手工分析可能带来的偏差和错误。同时，通过集成海量数据，AI Agent还能预测市场变化、优化资金流动并为企业提供最优的财务战略方向，帮助企业实现自动化的预算分配、成本控制和利润预测，提前识别潜在的财务风险，优化资源配置，支持企业实现更加精准的财务规划和资金调度。

在生产方面，AI Agent能够实现生产过程的优化与控制。通过利用图像识别和机器学习技术分析生产线上传感器的数据，AI Agent能够对生产线上的产品进行质量检测和缺陷识别，快速、准确地检测出产品表面的划痕、裂纹、尺寸偏差等缺陷，显著提高检测的效率和准确性；通过与机器人等自动化设备相结合，AI Agent能够实现生产操作的自动化和智能化；通过对设备运行数据的分析和机器学习算法，AI Agent可以预测设备故障的发生，提前安排维护保养，减少设备停机时间，实现预测性维护；通过对生产任务和资源状况的分析，AI Agent能够合理调度人力、物力和财力等资源，优化资源配置。

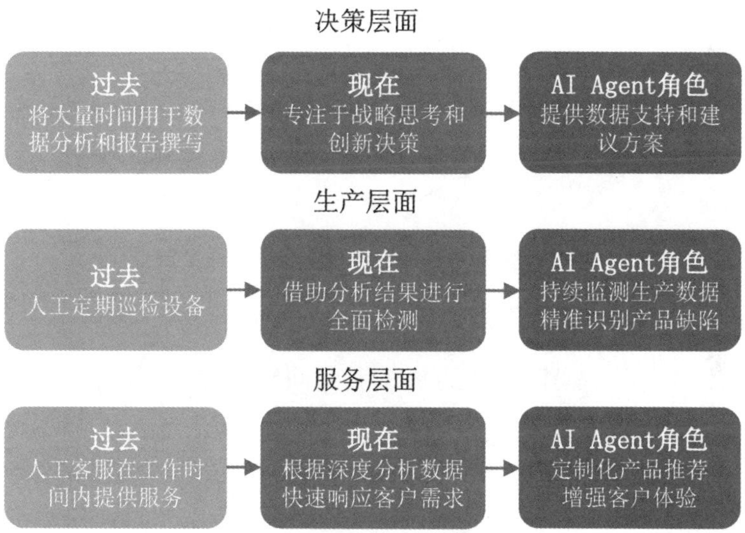

图6 AI Agent工作流程

在服务方面，AI Agent正在重塑客户的个性化体验。AI Agent能够自动处理常见的客户查询，通过聊天机器人和语音助手提供即时反馈，从而进一步识别客户问题、提供解决方案，并在必要时将复杂的问题转交给人工客服；通过分析用户行为和偏好，AI Agent能够为其提供定制化的产品推荐，如在电商平台，AI Agent能够根据客户的浏览历史、购买记录等，为客户推荐符合其兴趣和需求的商品；通过提供多语言支持，AI Agent能够为国外客户提供服务，帮助企业拓展国际市场；此外，在服务结束后，AI Agent能够对服务过程进行实时监控和评估，及时发现服务中的问题并进行改进。

总结与展望

AI的普遍应用为经济社会各领域带来全方位、深层次的变革，其可以重新定义生产关系、生产范式乃至社会结构，为经济发展和社会进步提供强大动力。AI的迅猛发展将对经济、就业、企业发展、个体发展、隐私安全等多个层面产生深远影响。

一、AI对经济的影响

AI对经济领域的潜在影响主要体现在以下三个方面：

其一，AI的广泛运用能够显著提高劳动生产率。通过实现自动化生产和流程优化，AI降低人力成本和时间成本，提高生产过程的精确性和一致性，进而提升产品质量。在制造业领域，AI技术可以将大量机械化工作转化为机器人操作，从而实现24小时全周期生产，且智能自动化系统能够通过AI分析实时数据，进一步提高生产效率；在农业领域，智能设备能通过AI技术实现精准播种、灌溉和病虫害防治，极大提升农业生产效益，实现人力物力资源的优化配置；在产品定制化领域，AI技术的应用能够实现精准化生产，对个性化要求较高的消费产品，通过程序上的控制，可以逐个、逐批来实现定制化生产，从而更好地满足消费者的需求。麦肯锡全球研究院的报告显示，到2030年，

AI将会使全球GDP增加13万亿美元，相当于提高16%的生产力。

其二，AI的广泛运用能够催生新产业和新模式。AI的普遍运用赋能大量新经济模式的产生，推动大数据分析、云计算等相关产业的发展，创造新的就业机会和经济增长点。互联网企业利用AI技术开展精准营销、个性化推荐等业务，创造新的商业模式和营收来源。同时，AI是平台经济与共享经济发展的重要引擎。在平台经济中，AI能够精准匹配供需，优化运营，增强用户黏性，让平台服务更高效；在共享经济中，AI助力资源调度与管理，评估信用控制风险，提供个性化服务推荐，有效提升资源利用效率。

其三，AI的广泛应用能够促进数字化与全球化。AI作为引领新一轮科技革命和产业变革的战略性技术，具有较强的溢出带动性。其创新链主要集中在高等学校、科研院所及部分大型企业，能够凭借自身强大的数据分析与处理能力，深度挖掘海量数据价值，让数据成为驱动实体经济和宏观经济增长的关键生产要素。随着AI技术的日益成熟，其不仅在产业升级和新兴业态崛起中扮演着关键角色，还为公共服务的优化注入新动能，为数字经济的高质量发展奠定坚实基础。通过与实体经济深度融合，其能够进一步培育新场景新模式、推动产业转型升级，重塑生产方式和商业模式，推动数字经济高质量发展。同时，在全球化时代下，企业可以借助AI技术更便捷地进行跨国交流、合作和资源配置，推动全球产业链和供应链的优化升级，促进国际贸易和投资的增长。

二、AI对就业的影响

从日常工作场景的变革，到职业类型的更迭，AI将全面影响社会的就业结构。

一方面，AI的广泛应用改变了传统就业市场，部分岗位将被替代。AI对传统就业结构产生了较大冲击，一些低技能、重复性的工作岗位，如流水线工人、数据录入员、客服人员等将被自动化取代。麦肯锡全球研究院的报告指出，到2030年，全球将有多达8亿个工作岗位因自动化而消失。

另一方面，AI的广泛应用也在催生新的职业类型。AI创造了大量高技能工作岗位，如数据科学家、AI训练师、提示工程师、机器人协调员等，这些新兴职业需要更高的技能水平和技术专长，为劳动市场带来新的机遇与挑战。许多因AI而失去工作的员工最终会通过从事新的职业，以响应新的总体和劳动力需求或者直接从事与AI有关的职业，进而推动就业增长。

三、AI对企业发展的影响

AI对企业的发展存在多方面影响。首先，企业管理者需将AI融入企业愿景与核心战略中，并重新定义业务目标，建立以AI驱动为核心的企业愿景。其次，设立AI战略框架，明确企业资源配置的优先级。再次，不断拥抱前沿技术抢占先发优势，企业需建立核心研发团队，关注世界前沿技术，开展前瞻性技术部署。最后，在运营层面实现AI全面赋能与流程优化，将AI和企业数据密切结合，融入企业工作流中。更为重要的是，企业需形成以AI驱动为核心的领导体系，高层管理者需对AI技术有充分的理解，带领企业更好应对AI时代所带来的挑战。

四、AI对个体发展的影响

AI将不断提升人类的批判性思维，激发个人创造力，让个体的自主意识更好发挥出来。一方面，AI技术能够提供定制化的学习路径，持续拓展个体认知能力的边界；另一方面，AI扩展个体获取知识的渠道，实现去中心化的知识分配，帮助个体实现终身学习的目标，同时也可以提升思辨能力。

五、AI对隐私安全的影响

随着AI的大规模应用，隐私保护和数据安全成为人们关注的焦点。AI需要大量数据来进行学习和优化，使得用户的隐私面临被泄露的风险，特别是在教育、医疗、金融保险等领域。在数据收集、存储和使用过程中，如果缺乏严格的安全管理措施，可能会导致个人隐私泄露，给个人带来诸多困扰和安全隐患。此外，AI会根据用户的行为信息自主优化算法，持续预测、挖掘更多的个人信息，形成长期循环。由于透明度和可解释性亟待提升，以深度学习为代表的智能算法形成“黑箱模型”，普通用户甚至是开发者都难以理解并预见其工作原理和决策过程。相关新技术破坏数据主体对个人信息的控制，增加了用户对数据滥用和隐私泄露的担忧。

第二章

取代还是取巧，如何用AI打造超级个体

数智观察

AI正以指数级的速度实现突破，这一进程触发了人类文明史上第三次生产要素的重构。此前，土地实现了资本化，劳动力完成了商品化，而如今，认知能力的市场化已然拉开帷幕。大模型促使知识走向去中心化，这本质上是知识资本价值重新分配的过程。随着专业技能的获取成本近乎为零，传统教育体系所构建的竞争优势壁垒正加速崩塌，个体价值创造模式也在经历着颠覆性的转变。

然而，AI带来的影响远不止于对个体的冲击。这场认知革命所产生的经济冲击波，已远远超出了个体能力重构的范畴。劳动力市场正加速两极分化，重复性脑力劳动的货币化价值不断衰减，而跨领域系统整合、高阶价值判断等稀缺能力的溢价却大幅上升，传统社会体系将面临根本性的挑战。

AI更大的价值在于引发了社会属性层面的思考与变革。超级个体的出现，不仅打破了传统企业主导的生产格局，还催生出跨越组织边界的新型协作网络，这将重新定义“工作”的社会意义与价值分配规则。这种冲击不仅仅是需要个人加快学习，以终身学习弥补技能短板，而是超级能力的个体引发了整个社会结构和运行模式改变。面对AI对社会属性的冲击，我们站在了时代的十字路口。如何选择发展路径、如何积极拥抱变化、如何进行创新创造，将决定我们能否在这场革命中实现复兴与辉煌。

本章将深入揭示AI时代个体认知迭代与社会协同进化的共振机制。当人机协同突破认知相变的临界值时，社会协作的底层逻辑将从中心化转向涌现式，实现本质上的跃迁。这种个体与社会的双向重构，意味着人类首次以硅基思维作为进化的杠杆，撬动下一个文明的演进。

AI的进化轨迹正以超乎想象的速度重塑人类文明的底层代码。正如GitHub Copilot的出现没有消灭程序员，反而催生出“元代码工程师”——他们不再纠结于语法细节，转而专注于用自然语言描述系统蓝图，让AI将抽象构思转化为可执行代码，自己则腾出精力构建更具战略价值的技术生态。

在这场人机共舞的进化浪潮中，“超级个体”的轮廓逐渐清晰。他们深谙如何将人类的直觉优势与机器的计算能力编织成创新网络：设计师通过调整提示词的权重系数，引导AI在巴洛克装饰与极简主义之间找到黄金分割点；科研工作者训练模型识别实验数据中的异常波动，却始终把握着研究范式的方向盘；即便是传统认知中的体力劳动者，也在学习用增强现实眼镜接收机器的感知馈赠，将肌肉记忆升级为数据增强型技能。

这种协同不是简单的效率叠加，而是催生了全新的创造维度。但技术的“双刃剑”始终高悬。真正的竞争力已不再局限于工具使用层面，而是取决于人类能否在机器智能的映照下重新发现自身的不可替代性。未来的超级个体必然是游走于碳基与硅基智慧边界的两栖思考者，既懂得如何让AI放大自己的认知带宽，又始终保持着手动驾驶意识进化的能力。

第一节　AI个人能力的跃升

一、AI赋能个体的新方式

回溯AI的早期演进轨迹，可清晰观察到其初始形态与当代系统的显著差异。彼时的技术架构尚未突破弱AI边界，其功能定位主要聚焦人类活动的辅助性延伸。值得关注的是，这一阶段AI的突破性价值并非体现在自主决策层面，而是通过重构人机交互范式，实质性地改变了知识生产的效率阈值。

当Siri与Cortana等初代语音助手突破图形用户界面（GUI）的物理限制时，其革命性不仅在于声纹识别技术的应用，更在于构建了自然语言处理（NLP）与人类行为模式间的映射通道。通过指令集的语义解构，这些系统成功地将原本需要多层菜单操作的任务流，压缩为单次语音交互事件。这种交互维度的降维处理，使得时间成本从分钟级缩短至秒级，在医疗问诊、工业巡检等认知负荷密集场景展现出独特的赋能价值。

值得关注的是，同期发展的搜索引擎技术正在重塑人类知识获取的拓扑结构。当谷歌的PageRank算法首次将网页重要性量化为特征向量时，其本质是构建了超文本空间的权重分布模型。这种基于链接分析的量化评估体系，使得信息检索效率呈现出指数级提升——用户决策路径从图书馆式的线性检索，进化为多维语义空间的精准定位。在临床诊断支持场景中，医师通过关键词组合可将文献筛查耗时从72±15小时缩减至2.6±0.8小时，这种效率跃迁直接影响了治疗方案制订的关键窗口期。

深入剖析这些早期系统的技术矩阵，其本质是执行着认知卸载（Cognitive Offloading）的工程化实践。以搜索引擎的查询优化过程为例，用户的信息处理负荷被解构为三个递进层级：输入层的意图识别、计算层的语义映射、输出层的知识蒸馏。这种分层处理机制，如同为大脑外接了一个并行计算模块，使得人类可以将有限的认知资源集中投放于高阶推理任务。临床研究表明，采用智能检索系统的科研团队，其论文产出效率较传统方式提升37.2%，且假设验证周期缩短58.6%。随着AI的不断发展，它的作用逐渐从单纯的工具向协作伙伴转变。尤其是在创意产业、数据分析和知识工作领域，AI的应用越来越复杂，并成为个体工作的一部分，起到更多的辅助作用，也为创新带来了更多可能性。

最初，AI作为一种工具，完成的主要是一些简单、重复的任务。然而，随着技术的提升，AI开始具备一定的分析和决策能力，能够在更复杂的场景中与人类协作。比如，在创意产业中，AI可以辅助设计师生成海报、插图、视频等内容。设计师通过与AI的互动，不再仅仅依赖自己的创意和手动操作，而是能够借助AI的计算能力和样式生成能力，在创作的过程中快速尝试不同的风格和创作方向。

在“2024　AI创新者大会暨PEC· 提示工程峰会”上，设计师肥桃（化名）在AI海报设计中的实践就展现了这一合作模式的演变。他在分享中提到，通过AI生成多种不同风格的海报，并且通过与AI的合作，在极短的时间内产生了多个设计方案。AI不仅提升了设计效率，而且在创作过程中也为设计师提供了更多灵感和创作思路。这种协作模式显著降低了设计周期，提高了生产效率，同时也打破了传统设计创作的局限，开启了更多创意的可能性。

除了创意领域，AI在数据分析领域也扮演着越来越重要的角色。随着大数据时代的到来，知识工作者面临的一大挑战，就是如何从海量的数据中快速提取有用的信息。在这个过程中，AI可以帮助个体进行数据整理、分析，并提供决策建议。例如，AI可以通过机器学习算法分析历史数据，预测市场趋势，帮助企业作出更加精准的营销决策；

在医疗领域，AI则可以通过对病历数据的分析，辅助医生进行疾病诊断和治疗方案的选择。

AI的优势在于其能够快速处理大量信息并从中提取出有效数据，极大地提高了决策的准确性和时效性。而这种能力也使个体在处理复杂问题时不再单纯依赖个人经验或直觉，而是可以结合AI提供的数据支持，作出更加科学的决策。

在内容创作领域，AI的辅助作用尤为显著。传统的内容创作往往依赖于创作者的个人创意和能力，而AI的加入，不仅能提高效率，还能激发新的创作思维。AI创作工具可以根据用户输入的提示词生成高质量的文本和影像，无论是撰写文章、博客，还是进行创意写作，AI都可以根据指令快速生成符合要求的内容。生成式AI的优势在于强大的自然语言理解和生成能力，并且能够以人类难以企及的速度产出大量的内容。

因此，提示词是进入AI领域的重要切入点，AI的潜力正是通过提示词的设计和优化来挖掘的。通过精确地编写提示词，AI能够生成出一整篇结构完整、内容详实的文章，甚至在创作过程中可以自动优化语言、调整思路，这为内容创作者提供了巨大的便利。借助AI，创作者不再被写作的瓶颈所困，而是可以更加专注于创意的产生和内容的精炼。

AI不仅仅在内容创作中发挥作用，它在编程和软件开发领域的影响也日益突出。AI能够帮助开发者自动化生成代码、修复bug，或提供技术支持，极大地提高了开发者的工作效率。例如，开发者只需要输入提示词，AI就能在短时间内生成完整的代码段，甚至创建一个功能较为完整的应用程序。

LangGPT创始人云中江树（化名）在“2024　AI创新者大会暨PEC·提示工程峰会”上提到，自己通过AI帮助编写Python代码，并且在短短几小时内完成了一个Android应用的开发。这种高效的开发方式，使原本需要数天甚至数周的开发工作缩短为几个小时，大大节省了时间成本，并降低了开发门槛。对于没有编程基础的人来说，AI甚至能够提供“一站式”开发支持，让他们能够在无须深入了解编程的情况下，也能轻松创建属于自己的应用程序。

在学术研究领域，AI的力量也愈发不可忽视。传统的科研过程往往依赖于大量的手动实验和数据分析，AI的加入，使这些工作变得更有效率。比如，AI可以帮助研究人员筛选相关文献、进行数据分析，甚至进行初步的实验设计和假设验证。这不仅加快了科研进度，也提高了研究的准确性和可靠性。

以AI辅助研究论文的写作和数据分析为例，AI可以根据用户提供的研究方向自动生成相关的文献综述，帮助研究者快速了解前人的研究成果并找到研究的切入点。同时，AI还能够帮助分析实验数据，发现潜在的规律和异常，辅助研究人员作出更有价值的结论。这种协作使科研工作不再是孤立的个体劳动，而是与AI共同完成的集体智慧的成果。

二、超级个体与团队协作的新形态

“超级个体”是一个在AI时代崛起的新兴概念，是指那些借助生成式AI和相关技术，在创意、生产力和影响力方面表现出卓越能力的个体。传统的工作模式强调团队分工，而超级个体则借助AI工具，打破了专业限制，将多种技能融合于一身，呈现出全能型创造者的特点。

AI之于超级个体的意义在于，它提供了超越传统人力的能力延展：从自动化执行到创造性辅助，AI让个体能够以更少的资源完成更多的任务。例如，通过AI工具生成电影宣传海报，一人即可对接原本需要20多名设计师协作完成的任务。这种能力的提升，关键在于以下几点。

超级个体利用AI工具快速完成复杂任务。例如，通过提示词驱动生成式AI，可以在短时间内实现从文本与图像的生成到多模态内容创作的全流程。AI工具从简单的文生图扩展到支持文生视频、语音克隆、视频转绘等多模态能力，全面释放了个体的创造力。AI的大规模并行计算能力使个体能够突破时间瓶颈。通过训练AI模型，在夜间生成几十种设计方案，第二天一早便可提供客户选择。这种“人休AI不休”的模式显著提高了生产效率。

AI不仅是效率工具，更是创意的催化剂。AI提供了全新的创作思路，让用户能够突破原有的想象力限制。例如，将简单的提示词转化为动画短片，AI让创作者获得了非比寻常的创造力。超级个体的崛起还意味着角色的重塑。从传统的“执行者”到如今的“指挥者”，超级个体通过精准表达需求与目标，引导AI完成既定任务。这种能力不仅需要技术操作的熟练度，更需要人文素养、审美能力以及深刻的领域洞察力。

超级个体并不排斥团队，而是对团队协作模式进行了深度重塑。在AI的赋能下，团队的协作效率和创新能力得到极大提升。AI作为一种通用工具，不仅优化了个人工作流程，也通过连接与整合，为团队带来了全新的协作方式。

AI擅长分析海量数据，并提供实时、精准的洞察，这为团队决策提供了重要依据。例如，在市场分析、产品开发和用户体验优化等领域，AI通过自然语言处理和数据挖掘，帮助团队迅速作出基于数据的科学决策。生成式AI的实时性和本地适配能力，让它在医疗、金融等敏感领域表现出独特价值，从而优化团队的整体决策流程。

在远程工作和跨区域合作日益普及的当下，AI驱动的虚拟协作平台成为团队沟通的重要工具。例如，AI赋能的视频会议平台可以实时生成内容要点摘要，自动将会议内容转录为多语言文本，并通过语音合成进行精准翻译。这种智能辅助缩短了信息传递链条，提升了跨语言、跨文化的协作效率。

AI的多模态能力让团队能够快速整合图像、文本、视频等不同形式的内容。提示词的精确表达不仅能帮助个体实现创意，也为团队提供了快速原型设计和创新输出的基础。通过设计多模态工作流，团队成员能够更高效地共享资源、调整方案，确保项目按时完成。

AI让团队的协作方式从分工明确的线性模式，转变为多模态融合的动态协作。个人的创造力在AI工具的支持下成倍放大，同时团队成员可以在智能系统的辅助下更紧密地连接，形成高效的创新闭环。

例如，杨某某是建筑、室内、家具设计师，某AI辅助室内设计线下营创始人，他在设计行业深耕30余年，见证过无数技术革新。在他的日常工作中，AI已经成为关键的一环。首先，他使用自制的GPT聊天机器人，分析与客户的会议纪要，生成并不断优化设计方案，根据输入的参考图分析客户想要的设计风格；之后再根据这些需求，生成用于Midjourney的提示词；接下来，用Midjourney生成的效果图再生成一段影片，这样就能为客户提供一个更加直观的效果展示。

在AI介入之前，设计师的工作流程相对烦琐，特别是在项目的前期阶段。杨某某介绍，从接触客户，到完成初步概念方案，通常需要10天左右的时间。这一过程包括客户沟通、现场勘查、资料调研、风格分析、概念构思及效果图准备等多个环节。此外，由于客户往往不会在概念阶段支付设计费用，设计公司需要承担较高的获客成本，如出差、沟通、设计团队的时间投入等，单个项目的前期投入可能高达数万元。而传统的设计方式要求设计师投入大量时间进行资料收集和整理，许多工作依赖人工查找、筛选和归纳，导致效率低下且沟通成本高昂。

AI的引入彻底改变了这一流程。以ChatGPT、Midjourney和Stable Diffusion等工具为代表的AI技术，能够在短时间内完成项目调研、策略制定、概念构思和效果图生成，使设计师能够更高效地探索创意。过去需要3名设计师花费10天时间完成的前期工作，如今可以在半天甚至更短时间内完成。这种变化不仅极大降低了获客成本，使设计公司的前期投入从过去的约5万元下降到约2万元，同时还提高了客户沟通的频次，使设计师能够通过AI快速生成多个概念方案，与客户进行多轮试探性交流，从而提高项目成交率。

在AI的辅助下，设计师不再需要花费大量时间进行重复性的工作，而是能够将更多精力投入真正的设计思考中。杨某某认为，AI的价值不在于还原，而在于创新与融合。AI的强大计算和生成能力，让设计师更快地获得不同风格的参考方案，优化设计决策，同时也能通过智能工具实现更加精准的客户需求分析。换言之，AI不仅提升了工作效率，还为设计师提供了更广阔的创意空间，使设计师能够专注于设计的核心价值，而非机械性地执行工作。

AI的应用在前期概念阶段表现优异，但在设计深化、施工图绘制及现场管理阶段仍然存在局限。杨某某指出，目前，部分建筑软件已经开始集成AI功能（如Autodesk Fusion360），能够辅助完成某些标准化的设计工作，但在室内设计领域，具有尺寸观念的AI工具仍不成熟。AI可以完成大部分创意构思，但最终的设计决策仍然需要设计师的专业判断。对设计师来说，在使用AI的过程中，有两点至关重要。首先，AI并非绝对可靠，它存在“幻觉”问题，生成的信息需要经过人工核验，否则可能会导致严重错误。其次，AI的强大可能会带来“能力错觉”，尤其是对于年轻设计师而言，AI可以帮助快速生成设计方案，使设计师在短时间内达到一定水平，但这并不意味着设计师真正掌握了这些设计的核心能力。设计不仅仅是视觉上的呈现，更重要的是对空间、功能、情感的深度理解。真正的设计师需要在AI的辅助下，提升自身的认知水平，关注设计的本质，而非沉溺于表面的视觉效果。

未来，并非所有人都能成为设计师，但AI必然会推动设计行业向更精英化发展。设计师的核心价值在于发现问题、提出优质的解决方案，并确保方案能够完美落地。AI的出现，为设计师提供了更高效的工具，使他们能够把更多时间投入真正重要的设计思考之中。设计，不仅是为眼睛创造美学价值，更是为使用者提供真实的体验与记忆。随着AI技术的不断进步，设计行业将迎来更高效、更智能的创作方式，但设计师的核心地位不会被取代，反而会因技术的加持而变得更具价值。

在电影《抓娃娃》的宣传过程中，设计师肥桃通过AI工具生成了大量宣传海报。他以AI建模为基础，训练大模型稳定输出卡通形象，并利用Blender进行后期处理。在这一过程中，AI替代了传统手工建模和素材制作的部分工作，大幅提高了生产效率。肥桃在“2024　AI创新者大会暨PEC·提示工程峰会”上提到，他一人的工作量相当于20多名设计师的团队，AI不仅让创意实现更快捷，也在生产端优化了资源配置。

至顶AI实验室在直播领域的研究表明，多模态AI已经可以实现实时内容生成和场景切换。例如，主播通过简单地语音输入，AI便能生成与直播内容匹配的动态背景、音效和字幕。这种整合式的能力让直播团队能够在短时间内完成高质量的内容制作，同时降低了对专业设备和技术人员的依赖。

在硬件领域，AI也有很大潜力，影智科技的咖啡机器人，通过AI算法优化了冲泡流程，并结合传感器和深度学习技术，实现了个性化定制的咖啡体验。北京影智科技有限公司创始人兼CEO唐某表示，硬件的智能化改造仍有广阔空间，未来或将出现更多“新物种”，如整合AI技术的家居设备、交通工具等。这些产品将改变传统硬件的生产和使用模式，推动行业向智能化方向迈进。

三、技术包容性与公平性的隐忧

在生成式AI和提示工程的时代，AI被视为赋能个体和推动社会创新的重要工具。然而，随着AI的普及与深入应用，围绕AI的包容性和公平性问题愈发突出。技术是否真正让每个人都能平等受益？还是仅仅为部分人带来了便利？这需要我们深入探讨。

AI的初衷是消除障碍、缩短距离，提升每个人的生产力。然而，在实际应用中，AI的设计和使用却往往呈现出不均衡性。通过AI工具，一个人也许可以对接几十位专业人士的工作。这种效率提升表面上看是技术赋能的典范，但也可能掩盖了背后的不公平，AI的核心算法、模型训练数据和交互方式都可能存在隐性偏差。

数据偏差是一个显而易见的例子。AI模型依赖于大量数据进行训练，而这些数据往往来源于特定的社会环境、文化背景和经济条件。这意味着，AI的预测和决策可能更适合发达地区的人群，而对欠发达地区的需求了解不足。例如，在多模态生成技术中，丰富的图像、语音和文字训练数据更偏向于全球主流语言和文化，而对小语种和非主流文化的支持力度不足。

此外，AI工具的设计者和使用者之间也存在巨大落差。提示工程需要创作者既具备技术框架的能力，又需要文化、美学和人文素养，这无形中提高了AI工具的使用门槛，让那些文化教育资源匮乏的人群面临技术孤立的困境。

在技术普及的过程中，如何实现包容性是一个关键问题。首先，AI的开发与应用需要更广泛的社会参与。技术的设计者需要考虑不同地域、文化和经济水平人群的需求，确保AI不仅服务于少数高消费人群或发达地区用户。比如，可以通过政策激励，让开发者优先解决边缘化人群的问题，如为残障人士设计更友好的交互界面，或者为农村地区开发更实用的农业AI。

其次，AI的教育普及也至关重要，未来AI将成为每个人的“常备技能”。然而，要实现这一点，社会需要为大众提供低门槛的学习路径，通过教育和培训，帮助更多人掌握提示词编写和AI工具使用的基本能力，才能真正做到技术的普惠。

AI带来的隐性不平等问题正变得越来越显著。技术资源的集中和垄断，使那些掌握AI能力的个体或组织获得了前所未有的竞争优势，而不具备这种能力的人却可能面临被边缘化的风险。

例如，在设计领域，AI让设计师的产出效率大幅提升，但这同时也意味着，传统设计师的竞争压力骤增。拥有AI技能的设计师能够在一天内完成过去需要两周时间才能完成的工作，不懂AI的设计师可能失去市场竞争力。这种现象不仅局限于设计行业，在软件开发、教育、营销等多个领域都有类似的趋势。

此外，技术鸿沟还可能加剧社会阶层的固化。AI的普及需要硬件设备和网络基础设施的支持，而这些资源的分布并不均衡。例如，在农村和欠发达地区，由于基础设施落后，人们难以获得与城市用户同等的技术体验。这种差距使AI的普惠效果被削弱，甚至可能加剧社会的不平等。

AI的快速发展也带来了技术垄断的风险。大公司拥有更强的研发能力和资源，在AI领域占据主导地位。技术的集中化不仅压缩了小型企业的生存空间，还可能限制技术的广泛应用。例如，AI代码的生成正在逐渐隐藏编程的过程，这虽然提升了效率，却也可能让普通人更依赖于大公司的工具和平台，从而丧失了自主性。

技术垄断进一步导致社会资源的分配不均。AI可以实现多模态内容生成，提供从文本到视频的完整解决方案，但这种先进技术对小型企业和个体创业者来说也可能是一种负担，因为他们需要支付高昂的技术使用费，才能与大企业竞争。

政府在推动技术普惠和避免技术垄断方面具有重要作用。首先，政府需要制定公平的技术准入政策，降低AI技术的使用门槛。政府可以通过补贴或激励计划，支持中小企业和个人开发者使用AI技术。例如，为农村和偏远地区提供免费的AI工具，或为中小企业提供技术咨询服务。其次，政府需要加强对技术垄断的监管，确保AI资源的公平分配。一方面，可以通过立法防止少数企业控制核心技术；另一方面，可以鼓励更多的开源项目和公益技术平台，促进技术的开放共享。

AI教育的普及是解决技术鸿沟的重要手段。无论是通过学校教育还是职业培训，社会都需要帮助每个人掌握基本的AI技能。提示工程是一项综合能力，这提醒我们，在教育中不能只关注技术本身，还需要注重人文、美学和创意思维的培养。

此外，需要针对不同人群设计分层次的教育方案。例如，为技术基础薄弱的群体提供入门课程，为有潜力的个人提供深度学习的机会。通过这样的教育体系，让每个人都能在AI时代找到自己的位置。

技术公平性的实现离不开社会文化的塑造，未来企业的核心是创造力和独特性，而AI只是实现这些价值的工具。社会需要更多地关注如何通过技术提升人类的创造力，而不是单纯追求效率和利益。

同时，需要加强对技术的伦理讨论，让AI开发者和使用者更加关注技术的社会影响。例如，可以通过行业标准和道德准则，要求AI开发者优先考虑包容性和公平性。

第二节　AI驱动的职业生态变革

一、从数据标注师到提示工程师的崛起

在AI技术迭代浪潮中，传统辅助性岗位正经历着范式重构。从数据标注师到提示工程师的职能跃迁，不仅折射出职业称谓的表层演变，更揭示了智能技术底层逻辑革新对人力资本结构的深层重构。

作为机器学习基础设施的基石，数据标注师群体曾深度嵌入AI训练的价值链条。彼时，海量未标记数据需通过人工标注转化为结构化

信息，这一过程犹如为机器认知系统搭建脚手架——在计算机视觉与语音识别初期，算法对标注数据的依赖程度堪比生物神经突触的髓鞘化过程。尽管自动化标注工具已逐步渗透，但人类标注者在语义歧义消解与上下文关联构建方面仍具不可替代性。

然而，随着生成式AI突破图灵测试阈值，传统劳动密集型标注模式正面临根本性重构。当多模态大模型具备跨领域迁移学习能力，当预训练参数规模突破千亿量级，单纯依赖人工标注的喂养式训练已显露其局限性。以Transformer架构为典型代表的技术突破，本质上重构了AI进化的知识获取路径——模型通过自监督学习形成的表征空间，已能自主挖掘数据潜在关联。这种范式转换迫使从业者重新定位其价值坐标。

在此背景下，提示工程师（即通过设计输入指令优化AI输出的专业人员）作为新兴职业形态登上历史舞台。其核心职能已从数据层面的机械标注，转向模型交互层面的策略设计。这类岗位要求从业者兼具双重能力：既要洞悉模型参数空间的响应规律，又要掌握将业务诉求翻译为提示语法的转换技巧。这种转变本质上映射着AI开发范式的三级跳——从数据驱动的特征工程，到算法主导的模型架构，最终演进至交互维度的提示工程。

技术迭代的齿轮从未停转。当前，职业结构的重塑揭示着更深层的规律：当AI突破狭义工具属性向认知伙伴进化时，人机协作界面必然向更高抽象层级迁移。这种迁移既催生着提示工程等新兴领域，也倒逼传统岗位进行认知升级。未来的竞争力图谱，或将取决于人类工作者在智能增强（Intelligence Augmentation）生态中的重新锚定能力。

提示工程师的职责是通过设计合理的输入提示来激发AI模型产生

期望的输出，这项工作看似简单，却需要深厚的技术背景和对AI模型本质的深入理解。具体来说，提示工程师需要掌握以下几项核心技能。

第一，提示工程师需要对AI的工作原理有深刻的理解，尤其是生成式AI模型和大规模预训练模型的特性。例如，GPT等语言模型的核心在于它们是基于大规模数据进行预训练的，具有强大的文本生成和理解能力。因此，提示工程师要清楚如何设计能够最大限度调动这些模型潜力的输入，使输出符合特定需求。

第二，提示工程师需要具备良好的语言表达能力。与传统的编程方式不同，提示工程师不再是直接控制代码，而是通过设计高效、精准的自然语言提示词来引导模型完成任务。如何将复杂的任务要求转化为简洁而有效的提示词，是一个挑战。例如，提示词的结构、词语的选择、语句的精简程度等都可能影响模型的输出效果。

第三，由于AI模型可以广泛应用于多个领域，提示工程师需要具备跨学科的知识背景。例如，提示工程师在处理涉及医学、法律、金融等领域的任务时，需要了解这些领域的专业术语和背景知识，以便设计合适的提示词，确保模型输出既准确又契合行业背景。

第四，在模型训练的过程中，提示工程师不仅要设计输入，还需要分析模型的输出结果。通过数据分析，提示工程师可以发现模型输出的偏差或不足，进而调整提示策略，优化模型的表现。这个过程需要提示工程师具备一定的数据分析能力，能够从模型输出中提取有用信息，并作出相应的优化措施。

尽管AI模型在很多领域表现出色，但它们也有自己的局限性。例如，GPT等模型生成的文本可能在语法上没有问题，但内容缺乏逻辑连贯性或存在事实错误。提示工程师需要不断摸索如何通过输入提示词来缓和模型的局限性带来的影响，提升输出的准确性和可靠性。

第五，提示工程师需要与AI模型密切合作，理解模型在不同提示词下的反应和变化。由于AI模型不断更新迭代，提示工程师也需要不断学习、适应新技术，掌握不同版本AI模型的差异，灵活调整工作方式。

第六，AI模型的训练数据往往受到历史偏见的影响，可能在某些场景中产生偏见或歧视。提示工程师需要在设计提示词时关注这些潜在的伦理问题，尽量减少模型输出中的偏见。对于敏感领域如医疗、金融等，提示工程师更需要保持高度的责任感和审慎态度。

提示工程师的崛起，标志着AI技术应用从技术开发向更多元、精细化方向拓展。在大规模AI模型训练和应用中，提示工程师不仅仅是工具的操控者，更是促进AI更好落地的重要角色。他们通过不断优化提示词，不仅为模型提升了性能，还能帮助模型在特定业务场景中更好地发挥作用。例如，在智能客服、自动写作、内容生成等领域，提示工程师的作用尤为关键，能够极大地提高这些应用的响应效率与准确性。

提示工程师在优化AI应用的用户体验方面起到了重要作用。在一些AI聊天机器人或智能客服的应用中，AI需要通过精准的提示词来理解用户的每一次输入，这样才能给出恰当的回复。例如，在智能客服中，提示工程师需要设计用户提问的标准化输入，帮助AI模型更好地理解用户需求，从而快速、准确地生成响应。对于多模态模型的应用需求，影音创作者也将具备提示工程相关能力；随着AI在金融、医疗等专业领域的不断渗透，这些专业领域的从业者也将具备提示工程相关能力。这意味着，未来将发展出面向不同专业、行业的提示工程师。

此外，在AI模型的不断进化中，提示工程师持续发挥着不可替代的作用，其需要不断适应新技术的变化，工作范围也将不断拓宽。这意味着，提示工程师的职责将越来越具有挑战性。提示工程师的前景非常广阔，企业对能够调控AI模型输出的专业人才需求日益增加。随着AI的普及，提示工程师将成为许多行业中不可或缺的核心岗位，为企业的数字化转型提供有力支持。

二、AI增强型职业

在AI技术渗透社会生产结构的进程中，创意与认知密集型领域正经历着范式跃迁。不同于早期自动化技术对程序化岗位的替代效应，生成式AI与数据分析工具的深度应用，正在重构人类专业能力的价值坐标——这种变革非但没有引发职业消亡潮，反而催化出人机协同的新型工作模态。

传统认知将艺术创作视为人类独有的精神飞地，其价值内核植根于感性经验与个体意识的不可复制性。音乐、文学、视觉艺术等领域的生产链条，长期依赖创作者主观认知的具象化呈现。但需要指出的是，这种认知框架正在经历根本性解构：当生成对抗网络能够解析莫奈笔触的光影规律时，当transformer架构可以捕捉莎士比亚十四行诗的韵律特征时，人机协作的创作界面就已突破传统工具论范畴。

在视觉艺术领域，AI增强创作模式呈现出三级进化轨迹：初期阶段，算法主要承担素材预处理与风格迁移等辅助功能；中期演化阶段，生成式模型开始具备跨媒介的内容合成能力；当前阶段，基于提示工程的交互范式已使AI转变为真正的创作协作者。艺术家通过调整潜在空间的探索路径，可将传统手工创作周期压缩80%，同时获得超乎人类想象力的形态组合方案。

值得关注的是，这种技术赋能并未消解艺术创作的主体性，反而催生出双螺旋式的进化结构。在数字画布上，人类创作者的角色从执行者转化为策展人——其核心职能转向创意框架设计、伦理边界把控与审美价值判断。2023年，苏富比拍卖行成交的AI协作艺术作品《记忆的拓扑》，正是通过参数化调整情感强度系数，实现了数字媒介对人类集体记忆的拓扑映射。

技术迭代的加速度正在重塑创造力培养的认知地基。新一代艺术教育体系已出现“双轨制”能力模型：既要掌握传统造型语言的表达逻辑，又需精通提示词工程与潜在空间导航技术。这种复合型能力需求揭示着更深层的产业规律：当AI突破工具属性成为认知伙伴时，人类专业价值的“护城河”将建立在机器智能的盲区——跨领域概念联结、元认知调控与价值理性判断等维度。

AI在音乐创作中的应用同样不容忽视。通过对大量音乐作品的学习，AI可以生成符合特定风格和情感表达的音乐作品。以Jukedeck和Amper Music为例，这些AI工具能够根据用户的要求（如风格、情感、节奏等），自动生成独一无二的音乐。对于作曲家而言，AI不仅是一个创作工具，也成为一个灵感的来源。通过与AI的互动，作曲家可以在短时间内获得不同风格的音乐作品，之后进行挑选和改进。这种结合了人类创意和AI技术的合作方式，正在改变传统作曲行业的工作模式。

AI在内容创作中的应用也非常广泛，尤其是在新闻报道、广告文案等领域，AI已经能够生成高质量的文本内容。通过自然语言处理技术，AI可以分析大量数据，结合写作规范和逻辑框架，创作出符合要求的文章。对于内容创作者而言，AI是一个提高生产力的“助手”，它帮助创作者节省了大量的时间和精力，让他们能够专注于更高层次的创作和深度思考。

值得注意的是，AI技术的引入并非对创意工作的替代，而是对创意工作的一种赋能。AI在创意行业的应用，帮助创作者提升效率、扩展创作空间，并为传统创作带来了更多创新的可能。未来，AI将在创意行业中扮演越来越重要的角色，成为创作者的伙伴和工具。

在创意之外，AI对于传统分析型职业的影响同样深远。数据分析师、市场分析师、财务分析师等职位，一直依赖大量的人工计算、数据整理和报表制作等烦琐任务。然而，随着AI技术的不断发展，分析型职业正在迎来一场变革。AI通过自动化数据分析、预测模型和智能决策支持，赋能传统分析职业，极大提升了分析师的工作效率和决策质量。

数据分析师是典型的分析型职业之一，传统数据分析师需要花费大量时间进行数据清洗、统计分析和报表生成等工作。而如今，AI的引入大大简化了这一流程。通过机器学习和数据挖掘技术，AI可以自动化处理海量数据，并生成洞察报告。借助AI，数据分析师不仅能够更快速地完成数据处理，还能够挖掘出更多潜在的商业价值。例如，AI可以通过分析历史数据，建立预测模型，预测未来的趋势和市场需求。这对于市场分析师和金融分析师来说，无疑是重要的工具。通过AI辅助决策，分析师能够更加精准地把握市场动态，从而作出更加科学的决策。

市场分析领域也是如此，市场分析师的主要任务是通过对市场数据的分析，找出潜在的市场机会和风险。AI通过对海量数据的快速处理，可以帮助市场分析师更高效地发现趋势和模式。AI可以根据消费者行为、市场变化、竞争态势等多维数据，提供实时反馈，帮助市场分析师优化决策。例如，通过自然语言处理技术，AI能够从社交媒体、新闻等非结构化数据中提取出消费者的情感和需求，帮助分析师作出更加全面的市场预测。

在财务领域，AI同样可以为分析师提供协助。AI通过机器学习和深度学习模型，能够自动分析财务数据，预测公司的财务健康状况，并提供优化建议。传统的财务分析往往依赖人工输入和计算，而AI能够通过自动化工具，大幅提升数据分析的准确性和效率，帮助企业在短时间内作出更加精准的财务决策。

AI增强型职业在不同行业中的应用正不断改变各领域的生产力和创新能力，以下几个典型行业的案例展示了AI如何提升专业人士的工作效率，并推动行业创新。

在金融行业，AI的应用不仅局限于数据分析，还包括智能投顾、风险管理、欺诈检测等。通过AI的实时数据分析和预测能力，金融分析师可以更准确地评估市场风险，优化投资组合。同时，AI还可以通过对历史数据的学习，帮助金融机构更好地识别潜在的欺诈行为，提高金融安全性。AI驱动的智能投资顾问已经成为金融领域的趋势，其能够根据客户的风险偏好和投资目标，提供个性化的投资建议。

在医疗行业，AI的影响尤为深远。AI可以帮助医生展开疾病诊断、影像分析、药物研发等任务。通过对大量医疗数据的分析，AI能够为医生提供辅助决策，帮助他们更快速、准确地作出诊断。例如，AI辅助影像诊断系统能够通过对医学影像的自动分析，帮助医生更早地发现潜在的疾病，如癌症、心脏病等。此外，AI在个性化治疗和药物研发方面的应用，也为医疗行业带来了新的突破。

在媒体行业，AI的应用则集中在内容创作、数据分析和受众分析等方面。AI可以帮助新闻机构生成自动化的报道，提供个性化的内容推荐，并且通过数据分析洞察受众需求。通过AI技术，媒体公司能够更高效地生产内容，并根据受众的喜好进行定向推送。这不仅提高了内容创作者的工作效率，也帮助媒体公司更好地掌握市场脉搏。

三、AI引发的职业技能进化

随着AI技术的快速发展，各行各业的职业技能正经历着一场深刻的转型。这样的改变不仅影响到传统行业，也催生出新的职业形式。AI作为一种强大的工具，不仅优化了工作流程，还激发了个体职业技能的进化。

AI技术的飞速发展使各行各业的职业技能迅速智能化，这种智能化转型不仅体现在新兴行业，更渗透至医疗、金融、教育等传统领域。AI不仅是工具，它正成为职业技能的核心推动力，改变了许多传统职业的工作方式和技能要求。

在医疗行业，AI正在成为医生的得力助手。传统的医学诊断过程往往依赖医生的经验积累，其中包括对实际病例的了解。即使如此，医学界仍面临诸如误诊、漏诊等问题。然而，AI的应用正在改变这一现状。通过AI辅助的诊断系统，医生能够更快、更准确地诊断出疾病。AI可以分析大量的医学影像数据，并与历史病例进行比对，为医生提供具有参考价值的诊断建议，提高诊断效率和准确性。AI可以自动识别X光片、CT扫描或MRI图像中的异常，帮助医生发现早期肿瘤、肺部结节等潜在疾病。此外，AI辅助诊断工具还可以根据患者的病历信息，结合大量的临床数据，为医生提供更加个性化的治疗方案。不过，这种智能化工具的普及，要求医生不仅具备传统的医学知识，还需要掌握如何使用AI工具进行辅助诊断的技能。

在金融行业，AI的引入也令金融分析师的工作方式发生了巨大变化。传统的金融分析往往依赖于人工统计和数据分析，如今，AI通过强大的数据处理能力，能够实时分析海量的市场数据，帮助金融分析师作出更精确的市场预测。例如，AI可以通过机器学习模型对股市、商品市场、货币市场等进行趋势预测，帮助投资者在瞬息万变的市场中寻找投资机会。AI工具在金融行业的应用不仅局限于数据分析，许多金融机构已经开始使用AI进行风险管理，通过模型预测市场波动，提前识别潜在的系统性风险。此外，AI还可以在资产管理、信用评估等领域提供有力支持，帮助金融分析师和投资经理提高工作效率和决策准确度。AI对金融分析师的要求逐渐从传统的市场知识转向对AI工具的深度掌握。为了在职场中保持竞争力，金融从业者需要不断提升自己的技术素养，学习如何与AI系统合作，从而提升自己的分析能力和决策水平。

AI技术的发展并非取代人类劳动，而是促进人类职业技能的提升与转型。职场人士如何与AI共生，成为当前职业发展的核心议题。利用AI提升自己的职业能力，不仅是对现有技能的补充，更是一次全面的技能升级。在AI的影响下，职场人士需要学习新的技能，尤其是在技术领域的基础知识。例如，数据分析师需要学习如何运用AI技术对海量数据进行快速处理和分析，产品经理需要了解AI如何与产品设计和开发结合，甚至包括如何编写有效的提示词来与AI进行高效互动。AI不仅改变了行业的工作方式，也重新定义了对职业技能的要求。

在这一过程中，技术学习成为职场人士必备的能力之一。通过掌握AI技术，职场人士能够提高工作效率，增强对行业变动的敏感度，保持在快速变化的职场环境中的竞争力。例如，AI可以帮助从事创意工作的人士，如设计师或作家，突破传统工具的限制，通过AI辅助创作获得更为丰富的创意灵感。在这些职业中，AI成为创造力的延伸，帮助个体以更高效的方式实现自己的创意和设计。随着AI技术的不断渗透，职场中的许多工作逐渐实现自动化，尤其是一些重复性高、标准化的工作。例如，在文案创作、图片编辑、数据整理等领域，AI工具能够替代大量人工劳动，职场人士则能够把精力集中在更加高价值的工作上。通过掌握AI工具，职场人士可以提升自己的生产力，降低工作中的时间成本，从而提高个人竞争力。

以AI为辅助工具，职场人士不仅能提升工作效率，还能在短时间内获得更精确的结果。通过不断学习如何高效地使用AI工具，个体能够实现更为精准的任务分配和时间管理，从而在职场中获得更多的发展机会。

在法律行业，AI的应用正在帮助律师提升工作效率，并改变传统的工作流程。AI可以帮助律师在海量的案件中快速筛选出相关的法律条文、判例和证据资料，从而节省大量的时间和精力。例如，AI辅助的合同审查工具可以自动识别合同中的潜在风险，帮助律师更快速地审查合同内容。通过掌握AI工具，律师不仅可以提高工作效率，还能够扩展自己的服务范围，为客户提供更加高效和精准的法律咨询服务。AI也让律师更加注重法律领域的创新应用，推动整个行业的变革。

在教育领域，AI的引入让个性化教学成为现实。传统的教育方式往往很难兼顾每个学生的学习进度和需求，而AI可以根据每个学生的学习表现和偏好，制定个性化的学习计划。例如，AI可以通过分析学生的答题情况，自动调整教学内容，提供更多合适的学习资源。AI在教育行业的应用不仅提升了教师的教学效率，也改变了学生的学习方式。教师可以通过AI获得更精准的教学效果反馈，从而有针对性地调整教学方法。对于教育从业者来说，掌握AI工具并能够合理运用，将成为其提升职业竞争力的重要途径。

在设计行业，AI技术同样发挥了巨大的作用。设计师利用AI生成的图像、动画、视频等内容，可以快速实现创意设计的灵感，并根据反馈调整设计方案。例如，AI工具可以根据设计师提供的文字描述，生成符合要求的图像，这种技术大大提高了设计师的工作效率和创作速度。

第三节　传统职业的转型与升级

一、传统行业的智能化趋势

（一）医疗行业的智能化趋势

医疗行业的智能化转型正经历着双重范式革命：既包含工具理性的技术迭代，更孕育着价值理性的认知重构。在这场以数据为驱动力的变革中，AI既扮演着手术刀（精准干预技术工具）又承担着显微镜（深度解析复杂关系）的双重角色，推动医疗实践从经验主导型向证据驱动型演进。

精准医疗的崛起，标志着群体统计学主导的传统诊疗模式正面临根本性挑战。既往临床决策往往受限于人类处理多维数据的能力阈值，致使个体化差异在治疗方案中难以具象化呈现。值得关注的是，深度学习算法的突破性进展，使得基因组学数据与环境暴露组学信息的交叉解析成为可能。以IBM Watson for Oncology为代表的认知计算系统，通过对4000万份医学文献的结构化处理，构建起三维决策模型——在遗传变异图谱、药物代谢通路与临床预后指标之间建立动态关联。这种基于知识图谱的推理机制，已在美国MD Anderson癌症中心的临床试验中展现出决策优势：治疗方案与患者生物标志物的匹配度提升37%，药物不良反应发生率下降29%。

影像诊断领域的技术革新更具象化地呈现了AI的赋能效应。传统放射科医师需耗费10年构建的影像判读经验，卷积神经网络通过百万级标注数据的迭代训练即可实现超越。斯坦福大学研发的CheXNeXt系统在肺炎X光片识别任务中，不仅达到与放射科专家相当的诊断准确率，更将单病例处理时间压缩至1.2秒。这种效率革命并非替代人类专家，而是通过构建“决策支持拓扑网络”，将医生从机械性重复劳动中解放出来，从而专注于复杂病例的鉴别诊断。

尽管技术突破令人振奋，医疗AI的落地仍需突破三重约束：“数据孤岛”造成的模型泛化瓶颈、算法“黑箱”导致的临床信任缺失，以及医疗责任主体的法律界定困境。以深度学习驱动的病理切片分析系统为例，当训练数据局限于特定人群时，其对罕见亚型的识别准确率可能骤降40%以上。这提示我们，技术赋能必须建立在医疗伦理的框架约束之下——就像DNA双螺旋结构的稳定性依赖碱基配对法则，智能医疗系统的进化同样需要制度规约与价值校准。

在效率与精准的双重维度，AI正在重构医疗服务的生产函数。从基因组测序仪产生的TB级数据洪流，到可穿戴设备捕捉的生理参数脉动，智能算法持续解码着生命系统的复杂语法。这种变革既非简单的能力增强，也非粗暴的流程替代，而是通过人机协同创造新的医疗可能性空间。当算力优势与临床智慧形成共振，我们或许正在见证希波克拉底誓言在数字时代的范式新生。

AI技术在医学影像学、病理学和基因组学等领域的应用，正逐步改变传统的诊断模式。例如，在癌症领域，AI不仅能够识别病变区域，还能够对比患者历史数据，预测病情发展趋势。对于心脏病、高血糖等慢性病，AI通过分析患者的健康数据和生活习惯，能够提前预测疾病的发生，帮助患者采取预防措施。AI的辅助诊断系统能够大大减轻医生的工作负担，使医生能够将更多的时间和精力投入与患者的沟通与治疗决策中。这种高效的诊断流程，不仅有助于减少误诊和漏诊的发生，还能提高医疗资源的利用率，缓解医疗行业的资源短缺问题。

在医疗领域，AI的应用已经从概念阶段逐步走向实际应用，并且取得了显著的成效。例如，Alphabet旗下DeepMind研发的AI系统，已经在眼科疾病的诊断中取得了突破。该系统能够通过分析眼科影像，预测患者可能患有糖尿病视网膜病变等疾病的风险，准确率与专家医生相当。这表明，AI能够很好地辅助医生作出诊断，提升诊断效率，减少患者等待的时间。

另一项典型的AI应用是AI在药物研发中的角色。传统的药物研发周期长，成本高，而AI可以通过分析海量的分子数据，快速筛选潜在的药物分子。例如，通过分析已知的化学结构和生物数据，预测不同化学物质的效果，从而加速药物的研发过程。DeepMind曾在2019年宣布，它的Alphafold成功预测了蛋白质的三维结构，这一发现为新药的研发带来了巨大的潜力。

（二）教育行业的智能化趋势

AI在教育领域的应用已经逐步从辅助教学向深入教育过程的方方

面面延伸。个性化学习是AI技术在教育领域应用中的一个重要方向。传统的教育模式通常依赖于统一的教学计划，忽视了学生个体差异。而AI则通过智能化的学习分析和反馈机制，根据每个学生的学习进度、兴趣爱好、理解能力等个体差异，提供量身定制的学习方案。

AI可以通过对学生的学习过程进行实时监控，及时发现学生在学习中遇到的困难和瓶颈，并根据学生的表现调整教学内容和节奏。例如，AI可以根据学生在练习中的错误类型，自动生成有针对性的练习题或视频教学内容，帮助学生更好地掌握知识点。此外，AI还可以在课后分析学生的学习情况，提供详细的学习报告，帮助教师及时调整教学策略。

个性化学习的一个突出优势在于，它能够满足不同学生的学习需求，使每个学生都能在最适合自己的方式中得到成长。这不但有助于提高学生的学习兴趣和效率，还能有效缩小不同学生之间的学业差距，为教育公平性提供了更多的可能。AI的另一个重要应用是在辅助教学方面。AI可以作为教师的得力助手，帮助教师减轻烦琐的教学工作，提高教学效率。AI教学助手能根据学生的学习情况提供个性化的辅导，还能通过自动批改作业、生成学习报告等功能，减轻教师的工作负担，使他们能够将更多的时间和精力投入教学设计和指导学生上。

AI不仅可以帮助个性化学习和辅导，还能够生成智能化的教育内容。通过自然语言处理和图像生成等技术，AI可以自动生成与课程内容相关的多媒体教学材料，帮助教师更好地呈现教学内容。AI甚至能够通过分析课程大纲、教学目标和学生反馈，自动生成个性化的教学计划和学习资料，使教学内容更加丰富和多元。这一点在某些专业课程中尤为突出，如编程、数学等学科，AI可以根据学生的学习进度，自动生成适合学生自身水平的练习题和模拟考试，帮助学生巩固所学知识。

教育公平一直是全球教育发展的目标之一，尤其是在资源匮乏的地区，如何实现优质教育资源的共享成为一个亟待解决的问题。AI在教育公平性方面的潜力不容忽视，通过在线学习平台的建设，可以有效地将优质的教育资源传递到偏远地区的学生手中。例如，一些教育机构通过AI教学系统提供在线辅导，使那些无法享受到优质教育的学生能够在AI的帮助下获得同样的学习资源，从而缩小城乡、地区之间的教育差距。

二、技能重塑与终身学习的必要性

AI驱动的职业能力重构正在突破传统人力资本理论的解释边界。这场由算法革命引发的职业生态演变，本质上构成了“技能代谢”的加速进程。在此过程中，认知型工作流正经历着三重解构：任务要素的模块化分离、人机协作的界面重构，以及能力评估的维度拓展。

生成式AI的突破性进展，正在重塑职业能力的价值坐标。当Midjourney等工具能在30秒内生成200种设计方案时，平面设计师的核心竞争力必然向创意策划与美学调校迁移；GitHub Copilot将代码补全效率提升55%的实证数据则表明，程序员的核心价值正从语法记忆转向架构设计。值得关注的是，这种技术赋能的本质并非简单的能力替代，而是构建起“数字杠杆”——使专业人士能够撬动更大的创新势能。

职业能力矩阵的演变呈现出明显的极化特征：一方面，机械性操作的认知负荷持续向算法系统转移，如会计凭证处理效率因RPA技术提升80%；另一方面，高阶思维能力的需求呈指数级增长，德勤2023年行业报告显示，具备AI系统调试能力的项目经理薪资溢价已达34%。这种两极分化的趋势催生出新的能力评价体系：在UI设计师岗位JD中，Prompt工程已成为继视觉传达后的第二核心技能。

面对技术迭代的加速度，职业发展路径正在经历范式转移。传统线性成长模型遭遇根本性挑战——据世界经济论坛测算，2025年现有职业技能的半衰期将缩短至12个月。这倒逼从业者构建“T型能力拓扑结构”：纵向深耕专业壁垒的同时，横向拓展人机协作、伦理判断、跨界整合等元能力。以法律行业为例，Lexion等合同分析工具虽将文件审查效率提升了6倍，但律师的核心价值反而在谈判策略制定等非结构化领域获得增强。

变革已然发生。在AI重构职业生态的进程中，唯有将硬技能迭代与软技能培育置于终身学习的熔炉中淬炼，方能锻造出适应智能时代的职业韧性。当机器接管确定性任务时，人类的竞争优势愈发凸显于模糊性判断与创造性突破——这既是技术进化的必然结果，也是职业文明跃迁的底层逻辑。未来属于那些能将算法势能转化为认知动能的价值创造者。

AI技术的持续发展要求职场人不断学习、不断适应。从过去的“终身一技之长”到如今的“终身学习”模式，人们需要不断提升自己与AI相关的技能，才能在职场中立于不败之地。AI不仅仅是一个工具，它正在成为每个职业领域中不可分割的一部分。例如，在广告设计领域，AI生成的内容能够根据不同的需求提供多样化的设计方案，这对设计师提出了更高的要求：如何向AI提供精准的提示词，如何理解和使用AI生成的结果，如何利用AI优化设计流程等。终身学习不仅意味着对AI技术的学习，还包括对AI伦理、数据隐私、创新思维等多方面知识的探索。以生成式AI为例，学习如何编写有效的提示词就成为一项核心技能。不断通过各种途径获取新知识，尤其是与AI相关的前沿知识，是应对这一时代变革的最佳策略。

AI的广泛应用不仅仅是单一领域内的技能升级，它还促进了跨行业、跨学科的职业技能融合。例如，设计师不仅要掌握传统设计工具的使用，还需要学习如何利用AI生成图像、视频等多模态内容，甚至可以借助AI的自然语言处理能力，提升自己在文案创作、广告宣传等方面的技能。与此相似，程序员和开发者也不再只专注于代码编写，而是要掌握如何与AI协作，如何使用AI工具来提高开发效率，甚至可以将AI用作创意的源泉。

当然，AI技术带来的职业技能变革不仅仅局限于某一行业或职位，而是向着技能融合、跨界创新的方向发展。AI使不同领域之间的界限变得模糊，促进了更加多元化和复合型的职业技能需求。

随着AI在各行各业的渗透，人们越来越意识到，技术能力并不是职业发展的唯一保障。软技能，尤其是创造力、沟通能力、协作能力等，仍然是职场中至关重要的竞争力。而AI的出现，不仅没有取代这些软技能，反而通过协同工作推动了它们的发展。

在设计领域，通过AI工具的帮助，设计师可以在极短的时间内生成多套设计方案，这极大地解放了设计师的创造力。过去需要几天完成的工作，现在通过AI的帮助，可以在数小时内完成，让设计师有更多的时间进行深度的创意思考和创新。同时，AI在设计过程中的参与，也促进了设计师与客户、团队成员之间更高效的沟通。AI可以帮助设计师快速迭代设计方案，将客户需求转化为具体的视觉表现，提高了沟通的精度和效率。

AI的加入，让许多原本需要高强度人工协作的工作变得更加高效。人类和AI的协同合作模式已经开始出现在各个行业的日常工作中。在编程领域，AI通过自动化代码生成，帮助开发者减少了大量的重复性劳动，让开发者可以将更多精力集中在创新性任务上，从而促进了开发者在技术层面上的进一步成长。更重要的是，AI让人们在工作中不再局限于技术的操控和执行，而是可以将更多的精力放在重要的决策和创新方面。在医疗领域，医生和AI的合作已不再是简单的“人机交替”，而是逐步形成了“人机协同”的新模式。医生利用AI工具辅助诊断、预测疾病发展，并结合个人经验和判断作出最终决策。这种“人机协同”的模式正在推动软技能，特别是决策能力、判断力的提升。

AI的协作能力为软技能的提升提供了新的视角。AI不仅仅是一个技术工具，它还是一个能激发人类创造力、提升人类决策能力的伙伴。未来，软技能的培养将不再局限于传统的沟通技巧和团队合作能力的训练，而是加入与AI协同工作、通过AI提升创造力和决策力的能力。未来职场中的成功不仅依赖于技术能力，更依赖于软技能的充分发挥。人类的创造力、领导力、沟通能力等将在与AI的共同工作中得到新的升华，这将推动职业技能的全面提升。

面对AI时代的职业技能变革，传统的教育体系面临着前所未有的挑战。如何培养出既能掌握AI技术，又具备创新能力、沟通能力等软技能的复合型人才，是当下教育改革的重要任务。在这种背景下，终身教育和自主学习成为趋势。

首先，教育模式需要更加灵活和多元化。过去，教育更多依赖于学校的课堂教学和线下学习，然而在AI时代，快速变化的技术和不断变化的职业需求要求职场人随时更新自己的技能。在线学习平台、MOOC、编程和AI训练营等灵活的学习形式，正成为AI时代培养人才的重要途径。其次，教育也需要更加注重跨学科的知识融合。AI不仅是计算机科学的产物，它的应用已经渗透到设计、医学、教育、艺术等多个领域。因此，培养复合型人才，尤其是具有跨领域知识的人才，将是未来教育的重要目标。未来的教育应该不仅仅培养学生的专业技能，还应鼓励他们通过多学科的知识积累，增强应对未来复杂工作环境的能力。

职业规划在AI时代也将发生显著变化。在过去，职业规划更多侧重于个人的技能发展和职位晋升，但在AI时代，职业规划将更多依赖于个人对AI技术的理解和运用能力。为了在AI时代获得成功，职场人需要将AI技术融入自己的职业发展中，提升自己与AI的协同工作能力。同时，AI时代的职业规划也要求职场人具备更加灵活的思维和适应能力。在未来的职业生涯中，随着AI技术的发展，职位的性质可能会发生迅速变化。未来，一名程序员可能不仅仅需要编写代码，还需要具备与AI协作的能力，甚至可能转型为AI产品经理或提示工程师。因此，职业规划需要从单一职业路径的思维转变为更加动态和多元化的思维，注重培养与AI协同工作的能力。

三、让AI推动个人职业发展

在快速发展的科技时代，AI不仅是行业变革的驱动力，也成为个人职业发展的重要助手。无论是在职业规划、技能提升还是网络拓展方面，AI都为职场人士提供了前所未有的机会。

尤其在职业生涯的起步阶段，职业规划往往是决定个人发展方向的关键。借助AI工具，个人可以更精准地规划自己的职业路径。AI不仅能够分析市场趋势和个人兴趣，还能根据职场大数据提供量身定制的职业建议。例如，一些AI驱动的职业规划平台通过分析用户的背景、能力、兴趣及市场需求，为客户提供智能化的职业发展路径建议。这种智能建议能够帮助个人更好地了解自己在行业中的定位，并为其职业晋升、转型或新行业入驻提供数据支持。

此外，AI还能在个人成长过程中提供实时反馈。通过分析个人的工作表现、技能提升轨迹和学习进度，AI能够帮助个人识别自己的优势和短板，提供专属学习计划，从而有效推动个人职业目标的实现。这种基于AI的职业发展建议，不仅使个人更加清晰地认识到自己的职业目标，也帮助他们更加理性地应对职业生涯中的挑战与机会。

AI的到来为职场人士提供了更为高效的技能提升与网络拓展方式。在实际应用中，AI技能的掌握与实践是推动个人职业发展的关键。借助基于生成式AI的创作工具，设计师、写作者等创意行业的从业者能够在短时间内完成大量的创作任务，从而提高工作效率。此外，AI不仅限于静态内容的生成，越来越多的AI工具开始支持视频生成、音频处理等多模态创作，进一步拓宽了职业技能的提升空间。

通过AI，个人可以更加高效地完成数据处理、客户服务等重复性强的任务，释放出更多的时间来进行创新性思维的培养和个性化创作。这不仅能够让个人在现有工作中展现出更强的竞争力，还能为职业发展打开新的领域。AI的应用为设计师和艺术创作者提供了新的创作手段，使他们在保持创作个性的同时，也能利用AI提升设计效率，推动作品质量的提升。同时，AI还为个人职业网络的拓展提供了新的渠道。有效利用社交平台的AI算法，个人可以精准地与业内专家、同行建立联系，扩展自己的社交圈和影响力。此外，AI还能帮助个人识别并加入相关的兴趣小组、职业群体等，通过线上社区的互动与合作，推动个人职业生涯的发展。无论是在技能学习、职业转型，还是在跨行业合作中，AI都为个人提供了强有力的支持。

未来，AI的普及将带来职业发展的深刻变革。首先，AI将推动新兴职业的崛起，并与传统职业深度融合。随着AI技术的不断进步，新的职业角色将不断涌现。例如，提示工程师、AI训练师、AI伦理专家等新型职业将成为职场中的常态。这些职业不仅要求具备技术背景，还要求有较强的跨学科整合能力，能够灵活运用AI工具和平台解决实际问题。

与此同时，AI的发展也会帮助传统职业催生出全新面貌。许多过去完全依赖人工的工作将加入AI辅助，甚至被AI部分取代。例如，传统的设计师、开发人员将在AI工具的帮助下提升工作效率，甚至用AI来实现从构思到落地的整个创作过程。在这种背景下，职场人士需要不断更新自己的技能，提升对AI工具的应用能力，从而保持在行业中的竞争力。

未来的职业规划将更加侧重“人+AI”的协作模式，随着AI能够处理越来越多复杂的任务，职场人士将从执行者转变为决策者、指挥者和创新者。这样一来，工作中的角色分工将更加细化，生产力也将迎来前所未有的提升。AI不仅会加速整个社会的工作效率，也将推动个人从专业领域向多维发展迈进，职业的可能性将变得更加丰富多样。

第四节　个人实践中的方法论

一、个人学习AI的最佳实践

从自动化工具到智能硬件，从生成式AI到增强现实，AI正以前所未有的速度改变着我们的工作和生活方式。对许多人来说，学习AI不仅是提升个人竞争力的必经之路，也是拥抱未来的必然选择。

学习AI的途径多种多样，不同的人可以根据自己的需求、兴趣和背景选择适合的学习路径。最常见的学习途径包括在线课程、参与实际项目以及阅读研究论文等。

对初学者来说，在线课程无疑是入门AI的最便捷途径。平台如Coursera、edX、Udemy等提供了众多针对不同层次学习者的AI课程。无论是深度学习、机器学习还是自然语言处理，几乎所有的AI相关知识都可以通过这些课程进行系统学习。在选择课程时，可以根据个人的基础情况来选择适合的起点。如果是零基础，可以选择一些基础的数学与编程课程，再逐步深入具体的AI领域。理论的学习是基础，但只有通过实践，才能将所学的知识转化为真正的能力。参与实际项目是提升AI技能的重要方式。可以选择参与开源项目，或自己设立小项目进行研究。通过解决实际问题，既能加深对AI算法的理解，又能掌握如何将技术应用于现实世界中。对于初学者来说，参加像Kaggle这样的竞赛也是一个非常好的实践途径，其不仅能接触到真实的挑战，还有助于提高解决问题的能力。

对于已经有一定基础的人来说，阅读最新的研究论文和技术书籍是掌握前沿技术的关键。AI技术日新月异，许多重要的进展和创新往往先在论文中体现。阅读论文，有助于了解当前领域的热点问题、最新算法，以及实际应用案例等。这些知识不仅能提升个人的理论水平，还能帮助个人在未来的研究或工作中，作出更有深度的技术选择。

学习AI的过程不仅仅是从书本或视频中获得知识，更重要的是将理论应用到实践中，真正理解并掌握每一个细节。单纯的理论学习往往无法帮助我们真正理解AI的核心问题，因此，将学习与实践结合起来，才能使技能得到真正的提升。

在学习AI的过程中，能够结合自己的兴趣和工作背景，找出实际的问题并尝试解决，是非常有价值的。例如，对于一名AI设计师来说，可以尝试通过AI工具进行海报设计、图像生成等实际操作，进而学习如何调优生成模型，如何提升生成内容的质量；对于一名AI开发者来说，可以选择参与一些AI相关的开源项目，帮助解决实际问题，学习如何将算法应用到产品开发中。通过这样的实际操作，不仅能加深个人对技术细节的理解，还能逐步培养解决问题的能力。AI的应用领域已经从单一的图像生成、文本生成扩展到多模态的创作，如图像、文本、音频和视频的融合。在学习AI的过程中，如何灵活使用不同的生成工具，将AI的多模态能力与实际创作需求结合，是提升自身能力的一个重要方向。通过使用这些工具，我们不仅能实现从一个简单的提示词到完整创作内容的转化，更能提升创作过程中的效率和质量。

AI的发展非常迅速，新算法、新模型层出不穷。因此，学习AI不仅是一个持续的过程，更是一个不断更新和优化的过程。随着时间的推移，许多过去被认为复杂的任务如今可以通过AI工具轻松完成。而在这个过程中，技术的更新换代也要求学习者不断跟进，优化自己的技能。加入AI领域的技术社群、参与行业讨论、分享经验和反馈，是不断进步的重要方式。通过与他人的互动，个人不仅能够获取不同的视角和解决方案，还能及时掌握AI技术的最新趋势。

二、用AI实现知识的深度整合

AI的应用不仅为我们提供了更高效的信息处理方式，还让我们在繁杂的信息洪流中，找到了更精准、快速的整合路径。

在知识管理的层面，AI的作用尤为突出。面对海量的信息流，如何快速、高效地整理、提炼出有价值的内容，是许多人亟须解决的问题。传统的人工整理方式往往烦琐且效率低下，而AI能够通过自动化的方式，帮助我们高效整理信息，甚至实现知识图谱的构建。

AI工具能够根据关键词、主题或上下文关系，自动归类和整理信息，帮助个人或团队在知识管理上节省大量时间。例如，一些AI应用可以根据用户的需求自动生成笔记，甚至可以在阅读文献或文章时，自动提炼出核心要点，减少人们在信息消化和整理上的工作量。更为先进的AI工具，还能通过智能化的算法，帮助建立完整的知识框架，形成知识图谱，让知识的获取和联系变得更加直观和清晰。这些智能工具不仅提升了工作效率，更帮助人们对知识进行深层次的整合和应用。

决策是每个专业人士日常工作的重要部分。无论是商业决策、投资分析还是团队管理，良好的决策离不开数据支持和信息整合。AI通过强大的数据分析和预测能力，正在改变传统决策的方式。AI工具可以在庞大的数据集上运行，帮助用户进行精准的趋势分析和预测。例如，通过分析历史数据、用户行为和市场动态，AI为决策者提供更为准确的市场趋势预测和风险评估。这种基于数据驱动的决策支持，使个人和团队能够减少决策中的盲点和偏差，从而作出更加科学、合理的判断。

此外，AI还可以通过自然语言处理和机器学习，帮助决策者从复杂的信息中提炼出关键信息，使决策过程更加简化和高效。在商业领域，AI工具甚至可以模拟不同决策路径的结果，帮助决策者评估每个选择可能带来的结果，优化决策流程。

在数字化时代，个人品牌建设逐渐成为每个专业人士和创作者不可忽视的重要课题。而AI的崛起，也为个人品牌的打造提供了前所未有的机会。通过AI工具，个人能够更加精准地分析社交媒体和内容平台的数据，优化自己的内容策略，从而提升影响力。例如，AI社交媒体分析工具能够帮助用户分析粉丝的兴趣和行为模式，提供内容优化建议，使用户能够根据受众的偏好进行内容创作，提高内容的传播效果和受众的参与度。此外，AI还可以通过情感分析，帮助个人更好地理解目标群体的情感倾向和话语风格，从而进一步提升与受众的互动质量。

在个人品牌的提升上，AI不仅仅是一个工具，它更像是一个能量源泉，激发创作者的创造力与生产力。借助AI，个人可以节省大量时间在内容创作和优化上，将更多精力放在创意和战略规划上。随着时间的推移，AI帮助个人品牌建立起的影响力也将逐渐积累，形成深远的品牌效应。

从知识管理到决策支持，再到个人品牌建设，AI已经不仅仅是一个技术工具，更是推动个人和团队效率提升的核心动力。通过与AI的深度整合，个人不仅能在海量信息中找到自己的立足点，还能在竞争激烈的环境中脱颖而出。随着AI技术的不断发展，未来我们将看到更多基于AI的创新应用，让每个人都能在这个时代里实现知识的深度整合和能力的快速提升。

总结与展望

从个人能力的跃升、新的职业机会、传统行业的智能化转型，到超级个体的崛起，AI起到了关键的推动作用。AI的发展不仅仅改变了个人在工作中的角色，也塑造了全新的职业生态。通过与AI的协同合作，个人不仅能够在短时间内提升自己的工作效率，还能够在创意、分析等领域实现更高水平的突破。

首先，AI从传统的助手角色转变为合作伙伴，深刻影响了个人能力的提升。过去，AI作为语音助手、搜索引擎等工具，仅仅承担着简化任务的作用。而今天，AI已经为个体在创意生成、数据分析、编程和研究等领域提供重要支持，极大地扩展了个体的工作范围和深度。这种转变解放了人的时间和精力，让人们将更多的精力集中在创造性和高阶的任务上，推动了个体能力的全面跃升。其次，AI推动了新的职业机会的诞生。从数据标注师到提示工程师，AI不断催生出新的职业角色，这些新职业要求具有跨学科的知识和技能，同时也提出了更高的技术挑战。例如，提示工程师需要根据AI模型的特点设计有效的输入，以优化模型输出的质量，这种技能要求展现了人类与AI的深度融合。此外，AI技术在创意行业和分析型职业的结合中，也极大推动了这些行业的变革，AI不仅增强了创作人员的创意能力，还提高了数据分析师的决策质量。

AI赋能不仅推动了传统行业的转型与升级，也为各领域带来了深刻影响。这种影响在医疗行业尤为突出，AI技术的引入促进了精准医疗和个性化治疗的发展，帮助医生在诊断时提高了准确性；教育领域也因AI智能助手的加入，开创了个性化学习的新天地，极大地推动了教育公平的实现。在这些传统行业中，AI不仅提高了操作效率，更加速了行业的智能化进程。然而，技术的飞速发展也带来了一些亟待解决的挑战，特别是在技术包容性与公平性方面。在AI赋能个体的过程中，如何保证不同社会群体公平受益，避免技术鸿沟进一步加大社会阶层差距，是当前迫切需要解决的问题。因此，在推动AI技术普及的同时，必须加强对其带来的社会不平等问题的关注，借助政策、教育和社会变革促进技术公平，确保所有人都能平等受益于AI的发展。

展望未来，AI将在个体、职业生态和社会形态上产生深远影响。随着技术的不断进步和普及，未来的职业环境将变得更加多元化与智能化。人类与AI的合作将成为常态，个体不再是单纯的劳动者，而是与AI共同创造、分析和决策的“超级个体”。首先，个体的能力将发生深刻变革。通过AI的支持，个人将获得前所未有的知识整合和决策支持能力，使其在信息分析、决策制定及任务执行方面更加精准。AI将成为个体的得力合作伙伴，助力人类完成从日常事务到复杂问题解决的全过程，推动个体在能力和创造力上的提升。其次，职业生态将迎来更加多元化的变革。随着AI技术的广泛应用，新兴职业将不断涌现，传统职业也将面临深刻的技能转型与角色重塑。未来的职业不再局限于传统的岗位与职责，跨领域的职业形态与合作模式将变得愈加普遍。此外，AI还将进一步促进团队协作和跨行业合作，使团队合作变得更加高效与灵活。新职业的诞生正是技术与创意融合的产物，如数据工程师、提示工程师等与AI密切相关的职业正在不断增多。完成这一人机协作，仍然需要人类的积极参与，而这是技术无法替代的关键部分。

对于整个社会而言，AI将推动广泛的社会变革。随着AI技术的普及，技术包容性与公平性的问题将愈发受到关注，政策制定者及各界人士将携手努力，确保技术红利的公平分配。AI赋能不仅意味着技术上的突破，更是对社会结构和价值观的重新定义。通过教育、政策和社会变革，AI将有力地推动社会进步，减少贫富差距，营造更加公平、包容的社会环境。然而，要实现这一目标，个体与社会必须具备敏锐的技术洞察力和开放的心态。在未来的职业发展中，终身学习将成为不可避免的趋势。人们需要不断适应并掌握新兴技术与工具，以确保在AI时代的竞争力。同时，AI的共生模式也将促进软技能的发展，创造力和沟通能力等人类独特的技能将在与AI的合作中不断得到提升。

未来，我们不仅需要关注AI如何赋能个人成长，也应思考如何从长远角度优化与AI的互动，如何通过AI帮助每个人发掘自己的潜力，如何设计更加高效、透明的AI工具，使其能够在全球范围内普及并惠及每一个人。同时，AI技术的迅速发展要求我们时刻关注伦理和社会责任，确保技术进步能够真正推动人类社会朝着更加公正、和谐的方向发展。AI不仅是工具，更是未来发展的核心动力，借助AI的不断赋能，我们有望迎接一个更加智能、高效与创新的未来，并在这一过程中真正释放个体潜力。

第三章

路演还是路线，如何让AI落地企业场景

数智观察

人类文明的每一次巨大飞跃，皆源于突破认知边界的强大力量觉醒。从蒸汽机突破物理极限，电力打破昼夜时空壁垒，到信息技术消除地理边界束缚，每一次变革都带来了生产函数的深刻重构。而如今，AI正掀起一场前所未有的革命——它并非简单的产业变革催化剂，而是第四次工业革命的核心驱动力。这绝不是一次普通的战略转型，不是对现有系统的修修补补，而是从根本上重新定义人类认知与改造世界的底层逻辑。

这场变革将使所有企业面临“生存大考”，企业面对的不再是“技术融合”这样相对温和的问题，而是要在数据与智能不断涌现的复杂环境中，重新构建价值创造的基础。

“AI不是工具，而是一片全新大陆”，来到这里，没有唯一答案，没有权威解读，没有最佳实践，只有最了解自己、最相信自己的那个自己，选择最适合自己的创新路径。本章将深入剖析，揭开AI作为具有颠覆性创造级技术的内在逻辑。我们将从战略、技术和运营等多个维度进行全面解析，如何通过构建AI原生组织，在第四次工业革命的浪潮中塑造出适应智能时代的企业特质。这不仅仅是商业模式的升级，更是人类对生产力概念的最终重塑。

在这个数字化浪潮席卷全球的时代，当我们将目光投向企业AI化的痛点与路径时，在短期与长期目标的平衡中，企业既要快速响应市场的波动，又要稳定地锚定远大的愿景。这种看似矛盾的状态，恰是数字时代赋予我们的独特思维挑战。

事实上，对于企业的AI应用场景设计而言，则更像是一场神经漫游的冒险。每一个算法模型都是通向未知世界的门扉，每一次数据训练都在编织一张精密的认知网络。在这张网络中，技术与人文交织成一幅斑斓的图谱，既有理性逻辑的严密性，又有诗歌想象的自由度。值此之际，企业如何实现AI技术的落地成为一个至关重要的话题。本章将从企业AI化的痛点与路径、短期与长期目标的平衡和AI应用场景的设计三个方面，帮助企业更好地理解和规划AI策略。

第一节　企业AI“选品指南”

一、关键挑战与应对策略

企业在AI落地过程中面临着多维度的挑战，需要系统性思考和全面应对。在技术层面，企业需要解决数据质量参差不齐、AI模型可靠性不足、系统整合难度大等问题，这不仅需要建立完善的数据治理体系，还要投入大量资源进行模型优化和系统改造。在组织层面，AI的引入往往会打破原有的部门壁垒和业务流程，需要企业重新设计组织架构，建立跨部门协作机制，同时调整KPI考核体系以平衡短期效益和长期价值。在人才方面，人才短缺的挑战也不容忽视，一方面是AI专业人才的招募和保留，另一方面是现有员工的能力提升和转型适应，这需要企业构建完整的人才培养体系，并通过有效的变革管理来降低组织阻力。此外，企业还需要应对高昂的技术投入、持续的运维成本，以及日益严格的数据合规要求和AI伦理问题。这些挑战的应对需要企业建立专门的AI治理机制，制订清晰的战略规划，并在实施过程中保持灵活调整。成功的AI落地不是一蹴而就的，而是需要企业在不断试错和优化中逐步构建起技术、组织、人才、治理等多个维度协同发展的能力体系。

要特别强调的是，这些挑战并非相互独立，而是彼此交织、相互影响的。例如，技术架构的选择会直接影响成本投入和人才需求，而组织变革的推进程度又会影响技术落地的效果。因此，企业需要建立起统筹协调的机制，确保各个维度的建设能够相互支撑、协同发展。同时，企业也要充分认识到AI落地是一个持续演进的过程，需要在实践中不断总结经验、调整策略，最终才能实现AI带来的真正价值。

某家国内头部的在线教育平台希望通过AI技术优化课程推荐系统，以提升学生的学习体验和课程完成率。由于预算有限，公司决定采用开源AI平台来构建解决方案，而非购买昂贵的商业产品。然而，这一选择对团队的技术能力提出了较高要求。该在线教育平台初期选择了一个主流的开源机器学习框架（TensorFlow）作为技术基础，并利用一个开源推荐系统库（Surprise）进行开发。然而，团队很快发现，开源工具虽然功能强大，但需要大量的定制化工作。例如，平台需要根据学生的学习数据（包括学习时长、测试成绩、课程评价等）设计特定的特征工程流程，而开源工具并未提供现成的模块。

此外，该在线教育平台还面临数据处理的挑战。学生的学习数据分散在多个系统中，包括学习管理系统（LMS）、在线考试平台和反馈问卷。为了统一数据格式，团队开发了一个数据清洗和整合管道，将分散的数据汇总到一个中央数据库中。

在技术实现阶段，团队使用了协同过滤和基于内容的推荐算法的结合。具体步骤包括：

数据预处理：将学生的行为数据（如学习进度、视频观看时长）转化为数值特征，并通过特征缩放和缺失值填补来提高模型的稳定性。

模型训练：采用开源平台提供的深度学习模型，结合教育领域的特点进行优化。例如，团队开发了一个自定义的嵌入层，将学生的兴趣标签和课程特征映射到同一向量空间，从而提升推荐精度。

实时推荐：通过构建一个基于API的推荐服务，平台可以根据学生的最新行为实时更新推荐内容。例如，当学生完成一门编程课程后，系统会推荐难度适中的进阶课程，而非完全无关的内容。

模型优化：团队利用开源工具的灵活性，集成了超参数调优工具（Optuna），自动调整模型参数，进一步提升推荐效果。

经过6个月的开发和测试，该平台上线了基于开源工具的课程推荐系统。经测验，课程完成率从原来的40%提升到65%，学生对推荐课程的满意度评分提升了20%。与商业解决方案相比，采用开源工具节省了约50%的开发预算。团队在项目中积累了丰富的AI开发经验，为后续的技术升级和创新奠定了基础。

该案例表明，利用开源AI平台虽然成本较低，但对企业的技术能力和项目管理提出了更高要求。成功的关键在于：拥有一支具备技术实力的团队，能够理解和定制开源工具；建立完善的数据整合和清洗流程，确保模型训练的高质量输入；灵活使用开源平台的特性，通过创新设计满足行业特定需求。

这一经验对教育行业的其他企业具有重要的借鉴意义，尤其是预算有限但希望通过AI提升服务质量的中小型教育机构。

事实上，在推进AI化的战略路径选择上，企业可以根据自身的规模、资源、技术能力以及市场需求作出不同的决策。以下是对三种主要路径的进一步阐述。

其一，吸引并留住AI人才。自建AI团队的优势在于，企业能够完全掌控技术研发过程，确保技术的定制化和灵活性，从而根据自身需求进行深度优化。此外，内部培养和积累AI技术能力有助于建立长期的技术壁垒和创新优势，进而增强企业的长期竞争力。同时，自建团队能够更好地保障敏感数据的安全性，避免外包过程中可能出现的数据泄露问题。然而，这种方式也存在一些劣势。首先，建立并维护一个高效的AI团队需要大量的资金投入，尤其是在招聘和培训高水平AI人才方面，成本较高。其次，自建AI团队的技术积累和项目推进速度较慢，可能会影响企业在短期内的市场竞争力。最后，由于AI领域人才稀缺，企业需要投入更多精力来吸引和留住顶尖的AI专家。

其二，与技术公司携手。与技术公司合作的优势在于，企业可以迅速启动AI项目，尤其是对于中小型企业来说，外包项目能够节省大量的前期准备时间。通过与技术公司合作，企业还可以利用已有的AI技术平台和解决方案，降低技术门槛，减少技术积累的难度。同时，外包合作模式具有灵活性，企业可以根据项目的需求调整合作方式，避免了固定投入的高成本。然而，这种合作模式也有一些劣势。企业可能会在技术上产生依赖性，难以脱离外部供应商，限制了技术的自主性和灵活性。此外，外包合作可能涉及敏感数据的传输和处理，增加了数据泄露或滥用的风险。在项目实施过程中，企业对外部供应商的控制力较弱，可能会面临交付进度延迟或质量不达标的情况。

其三，采用开源平台。采用开源平台的优势在于，开源平台通常不需要支付高额的许可费用，适合预算有限的企业，尤其是初创公司和中小型企业。此外，开源平台通常拥有庞大的开发者社区，企业可以借助社区的力量解决技术难题，并获得最新的技术更新。开源平台还可提供高度的定制化能力，企业可以根据自身需求进行修改和优化。然而，开源平台的劣势在于，企业需要具备一定的技术能力来部署和维护平台，可能需要额外的技术培训和支持。尽管有社区支持，但在遇到复杂问题时，企业可能无法获得及时的专业技术支持。此外，开源平台的集成和与现有系统的兼容性可能会面临挑战，企业需要投入额外的资源进行系统整合。

综合来看，企业在选择AI化战略路径时，需考虑自身的技术能力、预算、项目需求以及未来的发展方向等。对于大型企业来说，建立自有AI团队能够提供更高的自主性和长期竞争力；而对于中小型企业来说，则可以通过与技术公司合作或采用开源平台的方式，快速实现AI化并降低风险。

二、短期营销与长期布局的“天平”

（一）短期目标与营销策略

在AI技术的初期阶段，企业通常需要通过市场营销来吸引投资者和客户的关注。这一阶段的短期目标通常包括提升品牌知名度、获取资金支持和迅速拓展市场份额。企业通过路演、投资者推介会、技术发布会等方式展示其AI技术的潜力，吸引资本市场的关注。营销策略的重点是通过宣传活动展示技术的创新性和未来的应用前景，激发市场和投资者的兴趣。

然而，企业在执行短期营销策略时，必须谨慎处理技术宣传与实际技术开发之间的关系。过度依赖“概念炒作”可能导致企业的技术形象与实际产品之间产生脱节，进而影响项目的实际落地。如果企业仅通过概念性的宣传吸引投资，而忽视技术的实际开发和产品的实际交付，可能会导致市场对企业的信任度下降，甚至影响后续的融资和客户积累。因此，企业应确保短期营销活动与技术进展相符，保持透明度，以避免过高的市场预期。

（二）长期技术战略与商业布局

AI的真正价值在于长期的技术积累和商业布局。短期的市场营销和技术推广固然重要，但企业的核心竞争力最终取决于其技术的深度和持续的商业布局。长期战略的关键在于数据的持续积累和处理能力的提升。AI技术的发展离不开大量的高质量数据，企业需要在不同领域不断收集、整理并利用数据，提升AI系统的准确性和智能化水平。此外，平台搭建也是长期战略的重要组成部分，企业需要不断优化其技术架构，推动平台的迭代更新，为未来的技术发展奠定基础。

同时，AI技术的应用不仅仅是企业内部的技术积累，还需要在行业内形成生态合作。通过与技术公司、科研机构、行业联盟等的合作，企业可以推动AI技术的普及和应用，形成行业内的协同效应。长期的技术战略还需要注重人才的积累和创新，通过吸引顶尖的AI专家和研发团队，保持技术的领先地位。最终，企业需要将技术创新与商业模式紧密结合，通过持续的技术进步和市场布局，创造出可持续的商业价值。

（三）平衡短期营销与长期战略

Jasper AI是一款领先的生成式AI内容创作工具，广泛应用于营销、广告、社交媒体和博客写作等领域。Jasper在短期内通过精准的市场营销策略迅速吸引了大量的用户和投资者。公司通过强大的在线广告、社交媒体推广以及与知名品牌的合作，成功地将Jasper定位为一个高效的内容创作工具。通过与营销专家和创作者社区的互动，Jasper的短期营销活动有效地展示了其AI写作能力，吸引了大量企业客户和个人用户。

然而，Jasper的成功不仅仅依赖于短期营销。其长期战略则专注于不断提升生成式AI的写作能力和智能化水平。Jasper持续投入研发，优化其自然语言处理模型，使其能够生成更加精准、个性化和高质量的内容。此外，Jasper还通过与多个平台的整合，增强了产品的生态性，例如，Jasper与Shopify、Surfer SEO等工具的集成，进一步拓展了其在内容创作领域的应用场景。长期来看，Jasper致力于建立一个强大的AI写作平台，持续优化用户体验，并推动生成式AI在营销和创意行业的广泛应用。

Copy.ai是一款基于生成式AI的内容创作平台，帮助企业和个人快速生成高质量的营销文案、广告文案、社交媒体内容等。Copy.ai在短期内通过精准的营销策略和用户体验的优化，迅速吸引了大量用户。公司通过免费试用、社交媒体推广和线上广告等手段，成功吸引了大量中小型企业和自由职业者使用其平台。通过提供简便易用的工具和高效的内容创作流程，Copy.ai迅速赢得了市场的认可，并获得了大量的用户反馈和口碑传播。

在长期战略方面，Copy.ai的重点是提升生成式AI模型的智能化和多样性。公司不断优化其算法，以确保AI能够根据不同的需求生成更加精准和多样化的内容。同时，Copy.ai还通过不断扩展其功能，提供更多的模板和定制选项，帮助用户在不同场景下使用AI创作内容。长期来看，Copy.ai计划通过进一步深化与其他平台和工具的集成，增强其在企业营销和创意领域的应用能力，逐步构建一个更为广泛的生成式AI内容生态系统。

在AI技术的商业落地过程中，企业需平衡短期营销策略与长期技术战略。短期目标通常聚焦提升品牌知名度、吸引投资和迅速拓展市场份额，通过营销活动展示其技术创新和未来应用前景来激发市场兴趣。然而，企业应避免过度依赖“概念炒作”，确保技术宣传与实际技术进展相符，以维护市场信任和长期发展。长期战略则侧重于技术积累和平台建设，通过数据的持续积累、技术架构的优化和行业合作，推动AI技术的深度应用和普及。企业还需注重人才创新，保持技术领先，最终通过技术进步和商业模式的结合，实现可持续的商业价值。

三、让AI应用场景“渐入佳境”

（一）渐进式应用的概念与优势

渐进式应用（Incremental Deployment）是一种逐步引入和实施AI技术的策略，旨在通过分阶段、逐步验证技术效果，降低实施过程中的技术风险和业务不确定性。这种方式尤其适合技术复杂度高、应用场景不确定的AI项目。通过将AI技术的应用分为多个阶段，企业可以在每个阶段评估技术的实际效果，及时调整策略，避免一次性大规模投入可能带来的风险。

渐进式应用的优势在于，它能帮助企业更好地控制技术实施的节奏和规模。通过小步快跑的方式，企业可以在实际应用中发现潜在问题并进行调整，从而提高AI技术的适配性和稳定性。此外，渐进式应用能够在每个阶段收集反馈，不仅帮助企业优化技术方案，还能逐步提高员工和客户对AI技术的接受度和信任度。

（二）设计AI应用场景的三大要素

数据可用性：数据是AI应用的基础，选择数据丰富且质量较高的场景是确保AI项目成功的关键。企业在设计AI应用场景时，应优先考虑那些能够提供大量高质量数据的业务领域。例如，电子商务平台可以利用用户购买行为数据来优化推荐系统，医疗领域可以依托患者健康记录数据来进行疾病预测和诊断。数据的可用性不仅决定了AI模型的训练效果，还直接影响AI系统的精度和实际应用价值。因此，企业在设计AI应用场景时，必须关注数据的可获取性、完整性和代表性。为了确保数据质量，企业需要建立有效的数据采集、清洗和处理流程，消除数据中的噪声和缺失，确保数据的一致性和准确性。

技术成熟度：AI技术的成熟度是决定其应用成功的另一个重要因素。在选择AI应用场景时，企业应优先考虑那些技术相对成熟、已有成功案例的领域，避免将过于前沿或实验性的技术应用到业务中，以免因技术不成熟导致项目失败。例如，语音识别和图像识别技术相对成熟，企业可以优先在客服、安防等领域进行应用，而自然语言理解、深度学习模型的开发和应用则可能需要更多的技术积累和验证。因此，选择技术成熟度较高的AI应用领域，不仅能降低技术风险，还能确保项目的顺利推进。

业务需求匹配：AI技术的应用应紧密结合企业的核心业务需求，确保其能够切实解决实际问题，而非仅仅为了展示技术能力。在设计渐进式应用场景时，企业需要清晰地识别业务痛点，并选择那些能够直接提高效率、降低成本或提升客户体验的应用场景。例如，在制造业领域，AI可以通过预测性维护来减少设备故障，提升生产效率；在金融领域，AI可以用于风险控制和智能投顾，帮助提高决策的精准度。通过确保AI技术与业务需求的匹配，企业能够更好地实现技术的商业价值，而不是单纯追求技术的炫酷效果。

总之，设计AI的渐进式应用场景需要综合考虑数据的可用性、技术的成熟度以及业务需求的匹配性。通过分阶段推进AI技术的应用，企业不仅能够降低实施风险，还能够在每个阶段根据反馈进行优化，确保技术能够真正解决企业的核心问题，并在实际应用中取得成功。渐进式应用的策略为企业提供了一个稳步推进的框架，使其能够在AI技术的不断演进中保持灵活性和适应性。

（三）案例：智能客服系统的渐进式应用

国内某大型电商平台决定通过AI技术提升其客服效率和用户体验。该平台的客服团队每天需处理大量的用户咨询，涵盖订单查询、退换货、商品推荐等多个方面。传统的人工客服不仅成本高，而且响应时间较长，用户满意度不高。为了提升客服效率，降低成本，平台决定引入AI技术，尤其是基于自然语言处理（NLP）的智能客服系统。

由于AI技术的复杂性以及平台规模庞大，该电商平台决定采取渐进式应用的方式，分阶段实施智能客服系统。目标是逐步替代部分人工客服，并提高用户满意度和响应速度。

智能客服系统的技术升级路径始终围绕提升服务效率与用户体验展开。在初始阶段，该电商平台选择从最高频的标准化咨询切入，这类问题占据日常咨询量的近八成，如订单查询、退换货政策说明等基础服务场景。基于积累的历史对话数据，技术团队通过规则引擎搭建了FAQ自动应答系统，利用正则表达式匹配和基础自然语言处理技术，该系统实现了对简单问题的快速响应。系统上线首月即取得显著成效：超过六成的用户咨询通过机器人自动解决，人工客服平均响应时长从10分钟压缩至2分钟，这为后续升级预留了充足的人力资源。

随着基础问答能力的夯实，该电商平台开始挖掘用户数据的深层价值。借助积累的用户行为数据——包括购买记录、页面浏览轨迹和搜索关键词——技术团队引入了协同过滤算法和深度学习模型，构建了个性化推荐引擎。该系统不仅能够解答“同类商品比较”等复杂咨询，还能根据用户偏好主动推荐关联商品。这一阶段的智能化升级为该电商平台带来了双重收益：购买转化率提升约15%，同时人工客服需要介入处理的咨询量进一步下降至总咨询量的30%，客服团队得以将精力集中在售后纠纷等真正需要人工判断的场景。

当智能客服系统具备基础问答和个性化服务能力后，该电商平台开始探索情感维度的人机交互优化。通过引入语音情绪识别和文本情感分析技术，智能客服能够实时捕捉用户对话中的情绪波动。当检测到用户出现强烈不满时，系统会自动切换至安抚话术库，并在必要时无缝转接人工客服。这项技术突破使得客户投诉处理满意度提升22%，特别是在退换货争议场景中，用户对解决方案的接受度提高了18%。至此，智能客服系统完成了从机械应答到拟人化服务的跨越式进化，形成了效率提升与体验优化的良性循环。

通过渐进式的应用方式，该电商平台成功地将AI技术逐步引入客服领域，减少了人工客服的工作量，提升了用户体验，并降低了技术风险。在每个阶段，该电商平台都根据实际反馈进行优化，逐步提升智能客服系统的能力。第一阶段通过简单的FAQ自动回复解决了基础问题，第二阶段通过个性化推荐增强了服务深度，第三阶段通过情感分析进一步提升了客服系统的智能化和人性化。渐进式应用不仅使得AI技术能够顺利落地，还为该电商平台的长期技术发展奠定了坚实的基础。

第二节　核心技术“工具箱”

AI技术的成功应用离不开对核心工具和方法的深入理解与灵活运用。本节将围绕三大关键技术展开：微调（Fine-Tuning）、RAG（检索增强生成）及AI Agent的应用场景，探讨它们在企业中的实际应用价值，并通过详细案例展示如何高效利用这些技术推动AI落地。

一、Fine-Tuning（微调）的场景应用

Fine-Tuning（微调）是一种通过在预训练模型的基础上，利用特定领域的数据进行二次训练的技术。它能够显著提升模型在特定业务场景中的表现，避免从零开始训练模型所需的高昂成本。

模型微调技术为企业带来了显著的技术优势，极大地降低了AI技术落地的门槛。在资源投入方面，微调技术大幅降低了企业的成本压力。相比从零开始训练模型，微调只需要较少的计算资源和训练时间，这使得即使是中小企业也能负担得起AI模型的开发成本。同时，微调技术对训练数据的需求相对较少，企业无须投入大量人力进行数据标注，这进一步降低了项目实施的成本。

在模型效果方面，微调技术展现出了独特的优势。通过微调，模型能够保留预训练阶段获得的语言理解能力、常识认知等基础能力，

同时习得特定领域的专业知识和技能。这种方式不仅确保了模型的基础性能，还能让模型准确理解和处理领域特定的术语、规则和业务逻辑。实践表明，经过精心微调的模型往往能够达到甚至超越从零训练的模型的性能。

更为重要的是，微调技术具备极强的灵活适应性。当业务需求发生变化时，企业可以快速通过微调来更新模型能力，而无须重新构建整个系统。这种敏捷性使得企业能够持续优化模型性能，及时响应市场变化和用户需求。同时，微调技术还支持个性化定制，企业可以根据不同场景和用户群体的特点，训练出多个专门的模型版本，从而提供更精准的服务。

在企业环境中实施模型微调项目需要系统性的规划和专业的技术能力。企业需要建立完善的硬件基础设施。这包括评估和配置适当的GPU计算资源，规划充足的存储空间以存储训练数据和模型文件，以及确保网络带宽能够支持模型训练和部署过程中的数据传输需求。有些企业可能需要考虑使用云服务来补充本地计算资源，这需要在成本和效率之间找到平衡点。

在部署架构设计方面，企业需要根据实际业务场景和负载情况，选择合适的部署方案。对于业务量较小的场景，单机部署可能已经足够；而对于需要处理大量并发请求的场景，则需要考虑分布式部署架构。同时，企业还需要设计灵活的服务化接口，以便模型能够便捷地集成到现有的业务系统中。在这个过程中，性能优化是不可忽视的环节，包括模型压缩、批处理优化、缓存机制设计等技术手段都需要根据实际情况合理运用。

调试与优化是模型微调过程中的重要环节，需要专业的技术团队持续投入。在参数调优方面，需要仔细设置学习率、批次大小、训练轮次等关键参数，这些参数的选择直接影响着模型的训练效果和收敛速度。同时，企业需要建立完善的监控和评估体系，及时发现和解决训练过程中的问题，预防过拟合现象的出现，确保模型性能的稳定性和可靠性。

在项目实施过程中，数据安全与隐私保护是首要考虑的问题。企业需要建立严格的数据访问控制机制，确保敏感数据的安全性。同时，完善的备份机制和清晰的回滚策略也是必不可少的，这样可以在模型出现问题时快速恢复服务，最大限度地减少对业务的影响。此外，企业还需要建立持续优化的机制，定期评估模型效果，收集用户反馈，不断改进模型性能。

北京某三甲医院在日常运营中面临着门诊接诊效率低、医生工作负担重、患者等待时间长等问题。为了解决这些问题，医院决定开发一个基于AI的医疗问答系统。这个系统需要能够准确理解患者的问题，提供专业的医疗咨询建议，同时作为医生的辅助工具，提高诊疗效率。然而，医疗领域的特殊性带来了诸多挑战：医学术语专业性强、临床诊断逻辑复杂、对回答准确性的要求极高。这些因素都使得普通的问答系统难以满足需求。在经过详细的技术评估后，项目组决定采用模型微调的方法来构建这个系统。

在项目启动阶段，数据准备工作占据了大量时间和精力。项目组首先收集了医院近五年的门诊病历记录，经过严格的脱敏处理，确保患者隐私得到充分保护。同时，团队还整理了大量权威医学文献和诊疗指南，以及经验丰富的主治医师在日常问诊中积累的问答记录。对这些数据经过仔细的筛选、清洗和标注，最终形成了一个高质量的医疗领域训练数据集。

在模型微调阶段，项目组采用了循序渐进的策略。首先，选择了一个在医学领域已经过预训练的大型语言模型作为基础，这个模型已经具备了基本的医学知识理解能力。随后，团队设计了多阶段的微调方案：第一阶段，使用通用医学文献进行微调，使模型掌握更多的专业医学知识；第二阶段，使用该医院特有的诊疗数据进行微调，让模型熟悉医院的具体诊疗流程和规范；第三阶段，引入专家知识图谱进行约束，确保模型的回答始终符合医学规范。在整个微调过程中，团队始终保持与临床医生的紧密沟通，根据他们的反馈不断调整模型参数和训练策略。

经过半年的开发和优化，医疗问答系统最终取得了显著的成效。系统上线后，门诊日均问诊效率提升了40%，医生的满意度达到92%，患者平均等待时间减少了35%。在技术指标方面，系统的回答准确率超过95%，响应时间控制在100毫秒以内，专业性评分达到4.8分（满分5分）。这些数据充分证明了模型微调技术在专业领域应用中的巨大潜力。

从这个项目中，可以总结出几点宝贵经验。首先，数据质量是决定项目成败的关键因素，宁可数据量少一些，也要确保数据的准确性和专业性。其次，在微调过程中要充分结合领域专家的经验，通过多轮反馈不断优化模型效果。再次，微调过程不是一蹴而就的，需要采用渐进式的方案，让模型逐步适应特定领域的需求。最后，建立完善的评估体系和持续优化机制也很重要，要能够及时发现问题并作出调整。

这个案例充分说明，通过精心设计的微调方案，可以将通用的语言模型转化为专业领域的得力助手。虽然过程中会遇到各种挑战，但只要方法得当，就能取得令人满意的效果。对于准备在专业领域应用AI技术的企业来说，这个案例提供了很好的参考价值。

二、RAG（检索增强生成）的行业价值

RAG（Retrieval-Augmented Generation）是一种结合检索和生成技术的AI方法。通过先检索相关信息，再生成回答，RAG能够显著提升模型的准确性和对上下文的理解能力，尤其适用于知识密集型场景。这种技术通过在生成答案之前先检索相关知识，显著提升了模型回答的准确性和可靠性。传统的语言模型往往依赖训练阶段获得的静态知识，而RAG则能够动态地访问和利用最新的知识库，使模型的回答既准确又有时效。

在技术实现层面，RAG包含三个核心环节：知识库构建、相关性检索和增强生成。首先，企业需要建立结构化的知识库，包含领域专业知识、业务规则和最新信息。其次，当收到用户询问时，系统会从知识库中检索最相关的信息片段。最后，将这些检索到的信息与原始问题一起输入语言模型中，生成准确而专业的回答。

RAG技术为企业带来了显著的技术优势，从根本上改变了AI系统获取和运用知识的方式。首先，在知识更新方面，RAG提供了极大的灵活性。企业只需更新知识库中的内容，就能确保模型使用最新的信息，无须重新训练模型。这种特性使得系统能够始终保持与业务发展的同步，大大降低了知识维护的成本。

在答案质量层面，RAG技术展现出了独特的优势。通过实时检索相关知识，模型能够提供有据可依的回答，并且可以准确引用信息来

源。这不仅提高了答案的可信度，也为企业提供了答案追溯的能力。同时，由于模型能够访问专门的知识库，它在处理专业领域问题时的表现远超传统方法。

更为重要的是，RAG技术具有很强的可控性和可解释性。企业可以通过调整知识库内容来直接影响模型的输出，这种透明度在合规性要求较高的行业中尤为重要。此外，RAG还能有效降低模型产生幻觉的风险，因为每个回答都建立在实际检索到的信息基础之上。

在企业环境中部署RAG系统需要系统性的规划和专业的技术能力。成功实施RAG项目首先需要建立完善的知识库基础设施。这包括设计合理的知识组织体系，建立高效的存储和索引机制，以及确保知识更新的及时性和准确性。企业需要投入专门的团队负责知识库的维护和质量控制，确保知识库能够持续为系统提供高质量的信息支持。

在系统架构设计层面，需要重点考虑检索效率和系统扩展性。检索模块的性能直接影响着系统的响应速度，因此需要选择合适的向量数据库和索引算法。同时，还需要设计合理的缓存策略，平衡查询效率和资源消耗。在处理并发请求时，系统架构需要能够灵活扩展，保证在高负载情况下的稳定性。

优化与调试是RAG系统部署过程中的重要环节。首先是检索质量的优化，需要不断调整相似度算法和阈值设置，确保检索结果的相关性。其次是生成质量的优化，包括合理设置上下文窗口大小、优化提示词工程，以及建立完善的答案质量评估体系。此外，企业还需要建立实时监控机制，及时发现和解决系统运行中的问题。

某家大型制造企业拥有数十年积累的技术文档、工艺规范和问题解决方案，但这些宝贵的知识资产分散在各个部门和系统中，员工难以快速获取所需信息。为了提高知识共享效率，企业决定建立一个基于RAG技术的智能问答系统。该项目面临着知识体系庞大、专业术语复杂、实时性要求高等多重挑战。

在实施阶段，项目团队首先进行了大规模的知识梳理工作。他们采用自然语言处理技术对历史文档进行处理，提取关键信息，并建立统一的知识标准。随后，团队设计了分层的知识库架构，将不同类型的知识进行分类存储，便于精准检索。

在技术实现阶段，团队选择了先进的向量数据库来存储文档嵌入，并实现了基于语义的相似度检索。系统采用了多阶段的检索策略：首先通过关键词进行粗筛，然后使用向量相似度进行精确匹配。在生成环节，团队精心设计了提示词模板，确保模型能够准确理解检索到的上下文并生成专业的回答。

系统上线后取得了显著成效。员工查找技术资料的时间平均缩短了80%，知识咨询的准确率达到95%，系统的日均使用量超过1000次。更重要的是，系统极大地促进了企业内部的知识流通，加速了新员工的培养过程。

从这个项目中可以总结出几点关键经验。首先，知识库的质量和组织结构是系统成功的基础，需要投入充足的资源进行知识治理。其次，检索策略的设计要根据实际业务特点来优化，不能简单地追求相似度指标。最后，持续的运营维护和知识更新机制是确保系统长期价值的关键。

三、智能代理的革新力量

AI Agent，直译为人工智能代理，本质上是一个能够感知环境、制定决策并采取行动的智能系统。与传统的AI模型相比，AI Agent具备更强的自主性和目标导向性。它不仅能够理解和执行指令，还能根据任务目标自主规划行动路径，并在执行过程中不断调整策略，展现出类似人类的问题解决能力。

AI Agent的核心架构通常包含感知模块、决策模块和执行模块。感知模块负责获取和理解环境信息；决策模块基于当前状态和目标制订行动计划；执行模块则负责将决策转化为具体行动。这种模块化的设计使得AI Agent能够灵活应对各种复杂场景，同时也便于系统的维护和优化。

AI Agent为企业带来了革命性的技术优势。主要是自主决策能力，AI Agent能够在给定目标下自主规划和执行任务，大大减少了人工干预的需求。这种自主性不仅提高了工作效率，还能确保任务执行的一致性和可靠性。

在复杂任务处理方面，AI Agent展现出了独特的优势。通过任务分解和规划，AI Agent能够将复杂问题拆分为可管理的子任务，并制定合理的执行顺序。同时，AI Agent的学习能力使其能够从经验中不断改进，逐步提升任务执行的效率和质量。

更重要的是，AI Agent具备强大的协作能力。多个AI Agent可以组成协作网络，共同完成复杂的业务流程。这种协作模式不仅提高了系统的整体效能，还增强了其应对突发情况的能力。此外，AI Agent与人类的协作接口设计得当，可以实现人机协同的最优效果。

在企业环境中构建和部署AI Agent系统需要系统性的规划和专业的技术支持。首先，企业要明确AI Agent的应用场景和目标。企业需要仔细评估业务流程，识别适合由AI Agent处理的任务类型，并定义清晰的成功指标。其次，企业还需要考虑AI Agent部署对现有业务流程的影响，确保平稳过渡。

在技术架构设计方面，需要重点关注AI Agent的可靠性和可扩展性。系统架构应当支持AI Agent的动态扩展和负载均衡，确保在业务量增长时能够平滑扩容。安全性设计也极其重要，需要建立完善的权限控制和监控机制，防止AI Agent的行为偏离预期。另外，运维与优化是AI Agent系统长期成功的关键。企业需要建立实时监控体系，跟踪AI Agent的执行效果和资源消耗。同时，要制定清晰的异常处理流程，确保在AI Agent出现问题时能够及时介入。在持续优化方面，需要收集和分析AI Agent的执行数据，不断改进决策模型和执行策略。

某出海电商平台面临客服压力大、响应时间长、服务质量不稳定等问题。传统的客服系统难以应对节假日的流量高峰，且无法提供24小时高质量服务。为此，企业决定构建基于AI Agent的智能客服代理系统，以提升服务效率和用户体验。该项目面临着用户意图理解复杂、业务流程多变、情感交互要求高等多重挑战。

具体而言，在项目实施过程中，第一阶段，该项目团队采用了渐进式的实施策略，首先构建了基础的意图识别和对话管理能力，使AI Agent能够处理常见的咨询问题。团队使用大量真实的客服对话数据训练模型，确保AI Agent能够准确理解用户意图。

第二阶段，增强了AI Agent的业务处理能力。团队开发了专门的业务流程引擎，使AI Agent能够自主完成订单查询、退换货处理等复杂任务。同时，建立了知识图谱支持系统，帮助AI Agent准确获取商品信息和政策规则。

第三阶段，重点优化了AI Agent的情感交互能力。通过情感计算模型，AI Agent能够识别用户情绪并作出恰当回应。在处理投诉时，系统会自动调整交互策略，必要时智能转接人工客服。

该系统上线后，客服效率得到显著提升。AI Agent能够同时处理数千个会话，平均响应时间从分钟级降至秒级，满意度评分达到4.8分（满分5分）。更重要的是，系统表现出了很强的可扩展性，在购物节期间轻松应对了流量高峰。

从这个项目中，我们总结出几点关键经验。首先，AI Agent的能力建设要循序渐进，先确保基础功能稳定再逐步扩展高级特性。其次，情感计算对提升用户体验至关重要，需要投入足够资源进行优化。最后，人机协作的合理设计是系统成功的关键，要在适当时机实现人工介入。

总的来说，通过对Fine-Tuning、RAG和AI Agent三项核心技术的深入探讨和案例分析，展示了这些工具如何帮助企业解决实际问题并创造商业价值。

Fine-Tuning（微调）技术通过在预训练模型基础上进行针对性训练，使模型获得特定领域的专业能力。这种方法要求有较高质量的训练数据，适合场景相对固定且需要深度专业化的应用，其优势在于推理速度快、部署灵活，但模型更新维护成本较高。

RAG技术通过将信息检索与文本生成相结合的方式，实现了知识的动态获取和准确应用。这种方法特别适合知识密集型场景，优势在于知识可实时更新、答案可溯源，但系统架构较复杂，对检索性能要求高。

AI Agent作为一种能够自主决策和执行任务的智能系统，代表了AI应用的高级形态。它具备任务规划、自主决策和协同工作的能力，特别适合处理复杂的多步骤任务，但需要精心设计的决策机制和完善的监控体系，适合分布式部署和横向扩展。

推荐延伸阅读

1. *Transformers for Natural Language Processing* by Denis Rothman。这本书专注于Transformer模型的应用，其中有一章专门讲解了Fine-Tuning，详细说明了如何利用预训练模型并根据具体任务进行微调，适用于自然语言处理。

2. *Deep Learning for Search* by Tommaso Teofili。这本书全面讲解了信息检索与深度学习的结合，涵盖了检索增强生成（RAG）模型的概念，适合希望深入了解如何将检索与生成模型结合的读者。

3. *Artificial Intelligence*：*A Modern Approach* by Stuart Russell & Peter Norvig。这本书被广泛认为是AI领域的经典教材，内容涵盖了AI的各个方面，包括智能体（AI Agent）的概念、行为规划、决策理论等。它适合希望系统了解AI技术和智能体行为的读者。

第三节　实践中的方法论

在AI技术的落地过程中，方法论的制定和实施至关重要。成功的AI项目不仅需要强大的技术支持，还需要科学的实践方法论来整合数据、算法与场景。本节将围绕数据、算法、算力、场景的"四位一体"模式，AI产品的快速迭代路径，以及跨部门协作三方面展开探讨。

一、数据、算法、算力、场景"四位一体"

数据、算法、算力和场景应用是AI系统成功实现的四大核心要素。

第一，数据作为AI系统的基石，其质量直接决定了模型的效果。因此，企业必须建立完善的数据管理流程，涵盖数据的收集、清洗、标注和存储，以确保数据的准确性和高效利用。

第二，算法是AI应用的核心驱动力。根据不同的应用场景，选择并优化合适的算法至关重要，例如，推荐系统常用协同过滤算法，而图像识别则依赖卷积神经网络（CNN）等深度学习方法。

第三，算力作为AI技术落地的关键硬件支撑，AI系统依赖GPU、TPU等专用芯片提升大规模并行计算能力，且需要弹性扩展的解决方案。算力直接影响模型训练与部署的效率，企业运维算力最重要的是考虑算力运维效率和性价比。终端企业需要根据模型复杂度、实时性要求和成本预算，合理规划本地算力部署与云端资源的协同。优化算力使用还需关注算法与硬件的适配，例如，通过模型压缩（如蒸馏剪枝）、分布式训练等技术提升资源利用率。

在企业运营算力中，算力是否规划合理对整体成本有重大影响，合理的算力规划与管理需综合考虑以下五个关键因素，以实现资源高效利用与成本效益平衡。

一是技术指标体系的差异化设计原则。算力规模的确立需以模型复杂度为基准，千亿参数级大模型的训练往往需要配置数千张A100/H100级GPU集群，例如，GPT-4的训练就动用了超过2.5万个NVIDIA GPU的算力资源。实时性要求则呈现出场景化差异：自动驾驶系统的推理延迟需控制在100毫秒以内，这要求采用边缘计算设备进行本地化处理；而科研机构的模型离线训练任务则可接受数小时级别的延迟。吞吐量指标在高并发场景尤为关键，直播推荐系统往往需要支撑每秒百万级请求处理能力，这需要硬件具备高并行计算特性与优化的内存带宽设计。

二是异构计算架构的协同优化路径。芯片选型需遵循“场景定义算力”的原则，通用CPU适用于金融风控等逻辑密集型业务，GPU凭借高达80%的显存带宽利用率成为深度学习训练的主力芯片，TPU则因其脉动阵列架构在Transformer类模型推理中展现独特优势。分布式架构设计需突破单机算力瓶颈，采用Kubernetes集群管理系统可实现千节点级GPU资源的弹性调度，配合AllReduce算法可将并行训练效率提升至90%以上。在存储与通信层面，NVMe SSD通过PCIe 4.0接口可实现7GB/s的读取速度，InfiniBand HDR网络技术更将节点间通信延迟压缩至0.6微秒级，可有效解决分布式训练中的数据同步瓶颈。

三是多层级资源布局的战略考量。混合部署模式已成为企业主流选择，银行核心系统普遍采用本地化GPU集群保障数据安全，而电商平台的秒杀活动则通过AWS EC2 P4d实例实现分钟级算力扩容。边缘计算部署正在重塑产业格局，工业质检场景中部署的NVIDIA Jetson边缘设备可将图像推理延迟降至30毫秒以内，同时减少90%的云端数据传输量。在绿色计算技术突破方面，阿里巴巴仁和数据中心采用浸没式液冷技术，使PUE值降至1.09的行业新低，年节电量相当于减少10万吨二氧化碳排放。

四是全生命周期成本管控体系。算力利用率监控是优化起点，通过Prometheus+Granafa构建的可视化监控平台，可精准识别GPU利用率低于40%的闲置时段，并触发自动回收机制。算法优化带来革命性突破，采用混合精度训练（FP16+FP32）可在保持模型精度的前提下降低50%显存占用，而INT4量化技术更让70亿参数模型能在RTX 4090显卡实现22 token/s的生成速度。在动态调度机制创新方面，阿里云ECI弹性容器实例可实现训练任务秒级扩容，某短视频平台借此将推荐模型更新周期从4小时缩短至15分钟。

五是安全合规框架的构建实践。数据主权保护催生新型架构，政务云普遍采用飞腾CPU+昇腾AI芯片的全国产化方案，确保敏感数据全程不出域。容灾体系设计遵循“三地两中心”原则，某头部券商建立的跨区域GPU集群，可在单数据中心故障时实现15秒级业务切换。在供应链安全维度，华为昇腾910B芯片已实现910亿晶体管全自主设计，在BERT-base推理任务中达到A100芯片85%的性能水平，为关键行业提供可信算力底座。

第四，成功的AI应用必须紧密结合具体的业务场景，进行定制化的技术方案设计，确保所选技术能够切实解决实际问题并提升业务价值。这四者紧密相连，相互促进，共同推动AI技术在各个领域的深入应用。

二、AI产品的迭代之路

AI产品的快速迭代和跨部门协作是确保AI战略成功落地的关键。敏捷开发方法是AI产品快速迭代的核心，通过短周期的开发和验证，企业能够及时收集用户反馈，调整产品方向，确保技术与市场需求的高度契合。快速迭代的核心在于数据反馈、算法优化与用户需求之间的动态平衡，确保产品能够在不断变化的环境中持续优化，提升用户体验和产品价值。

此外，跨部门的协作在AI项目的实施中至关重要。AI项目不仅需要技术团队的支持，还需要业务部门和管理层的协作，只有确保各方目标一致，AI技术才能高效落地。协作中的常见挑战包括沟通不畅和资源分配不均，解决这些问题的关键是建立有效的跨部门项目管理机制，定期召开沟通会议，确保各部门信息共享、目标对齐。

进一步推动AI战略落地的关键是培养跨领域的协作文化，鼓励团队成员之间的知识共享和协同创新。除了技术与业务部门的密切合作，管理层的支持和战略指导也是不可或缺的，只有形成强大的组织合力，AI技术才能在实际应用中实现突破，推动企业在竞争中占据优势。

三、AI产品落地的关键步骤

要快速落地AI应用，企业首先需要明确AI应用的目标，并确保其与业务痛点的紧密结合。成功的AI项目必须解决实际问题，因此在启动之前，企业需要充分了解如何通过AI提升效率、优化用户体验或降低成本。明确目标之后，企业应专注于数据的管理与处理，因为数据质量直接影响AI模型的效果。建立一个高效的数据管理流程，从数据收集到清洗、标注及存储，都应通过自动化和规范化的流程来确保数据的质量和可用性。数据标注要做到标准化，避免出现偏差，确保训练数据能够真实反映业务场景。

AI产品的开发应该采用敏捷开发模式，通过短周期的迭代，不断验证和调整。每次迭代结束后，企业需要收集用户反馈并进行技术优化，确保AI产品始终符合市场需求。这种灵活的开发方式能够帮助企业在不断变化的环境中迅速响应并调整方向。与此同时，算法的优化也是推动AI应用成功的关键。根据不同的业务场景，选择合适的算法，并进行持续的优化和调试。尤其是在初期，企业应通过小规模的A/B测试对不同算法进行对比，确保选择最优方案。

跨部门的协作在AI项目中至关重要。AI的实施不仅需要技术团队的支持，还需要业务部门和管理层的紧密配合。在项目推进过程中，技术团队、产品团队及管理层要确保目标一致，避免由于信息不对称而造成的资源浪费或进度延误。建立跨部门的协作机制，通过定期的项目评审和进度跟踪，确保各方资源的协调配合，推动项目按时按质完成。

此外，AI应用落地并非一蹴而就，企业应当在全量推广前进行小规模试点，验证技术方案的可行性。试点能够帮助企业发现潜在的问题并进行调整，降低风险。在试点阶段，企业要密切监控AI产品的实际表现，及时调整优化，确保大规模推广时能够达到预期效果。

四、典型场景和解决方案

现阶段，AI在企业中的应用如今并不少见，据IDC预测数据，2024年全球AI产业规模将达到6233亿美元，同比增长21.5%，具体到企业应用中，联想、用友、金蝶、北电数智等AI应用方案已经在推动各行各业中的先锋企业进行数智化升级。这里以北电数智为例展开介绍典型AI应用场景的解决方案。

政务场景是AI典型应用场景之一，这一场景不仅对效率提升有着很高的需求，还需要严格遵守安全可控、自主可信的原则。北电数智遵循安全可信、自主可控原则，打造了全面国产化的数字政府智能化基础设施，并在逐步推动国产AI芯片、AI框架、基础大模型、大模型工程平台以及国产操作系统等上下游系统的全栈国产化适配，实现与国外芯片框架技术100%解绑，技术产品全面自主安全可控。北电数智“公明”政务大模型就是这样一个解决方案，它提供从框架层、数据层、模型层到服务层及应用层的完整覆盖，通过高可拓展性、安全性及可靠性一站式助力政务大模型的开发与应用落地。

如果说政务场景是数字治理的主动脉，那么医疗领域就是技术普惠的毛细血管。当医疗AI遭遇“数据孤岛”与伦理困境的双重夹击，北电数智的破局之道展现出科技企业的温度与智慧。医疗机构拥有丰富且种类繁多的数据，但是由于数据来源分散、数据规格不一、缺乏统一的治理规范与评估体系且难以实现对数据安全可控的全面保障机制等制约因素，导致AI大模型在医疗行业面临着数据基础较薄弱（质量参差不齐、隐私要求较高）、模型能力待提升（模型幻觉、输出结果相对初级）、重点场景未锁定（细分领域多、行业监管严、合规有价值的场景不清晰）等诸多挑战，当前医疗机构数据价值尚未被有效挖掘，亟须提高数据质量、优化模型能力并找到重点应用场景。

面对这些问题，北电数智面向医疗场景的“1+X”行业解决方案，旨在为客户提供一套包含算力、数据和模型等要素的AI创新基础设施，支撑其医疗大模型覆盖并服务X个医疗智能应用场景，以AI助力医疗普惠。

从民生福祉的守护者到工业革命的助推者，北电数智的技术图谱正在重新定义生产力边界。当全球79个工业大模型在数据荒漠中踟蹰时，中国方案给出了自己的答卷。工业场景是正在被AI加速改变的场景。不过，AI在工业场景应用时，同样面临着诸多问题。全球79个工业大模型普遍面临着工业数据匮乏、系统集成困难、决策精度不足、应用深度不够等问题。面对这些问题，北电数智的工业大模型基于全方位、多模态数据，推动工业制造全价值链能力提升，从基础层、数据层及孪生层，构建基于文字、声音、图片与传感信息的多模态工业大模型，支持打造供应链智能管理、设备智能管理、产品智能报价与安全生产的场景下的超级应用，以赋能设计、制造到销售的全价值链条。

当工业互联网的齿轮加速转动的同时，金融系统的算力心脏更需要强劲动力。在这个关乎经济命脉的领域，自主创新已从技术选项升维为国家命题。在当下金融监管和自主安全可控的产业背景下，金融机构需要在解决算力瓶颈的同时实现算力“自主化”。北电数智的金融行业国产算力解决方案，通过前进 · AI异构计算平台&宝塔 · 模型适配平台构成算力与模型联合演进的加速器，通过国产算力PoC平台找到算力使用最优解，通过深度优化的算法和灵活开发环境，充分发挥国产AI硬件的计算潜力，实现数据处理的高效率和模型运行的高速度。平台设计充分考虑易用性和高效性，通过降低技术门槛让金融企业和开发者能够便捷地在国产硬件上构建和部署AI应用。

这些场景化突破的背后，是数字中国建设的深层脉动。

第四节　AI+行业如何落地

当算力成为新时代的“电力”，北电数智的技术拼图正在首都北京拼出效率跃升的时代画卷。

在中国科技发展的磅礴浪潮中，北京这座千年古都正经历着前所未有的数字嬗变。作为首都，北京是创新与变革的前沿。近年来，数字经济逐渐成为引领未来的关键领域，其中算力作为支撑数字经济的重要基石，扮演着日益重要的角色。随着国家数字化转型步伐的加快，北京的数字经济算力中心建设正成为重塑这座城市的命运齿轮。

在算力革命的最前沿，在AI、云计算、大数据等新兴技术快速发展的今天，算力的需求已经成为推动产业发展的关键因素。2021年7

月，北京市政府发布《北京市关于加快建设全球数字经济标杆城市的实施方案》，提出建立协同高效的算力中心体系，建设“2+15+N”的算力中心布局结构，形成京津冀区域梯次建设、算力一体化的数字协同发展格局。

2025年的初春，北京酒仙桥的钢铁丛林中，一座由老厂房蜕变的算力地标正以每秒百亿亿次的计算频率，重构着数字中国的时空坐标。这座承载新中国电子工业记忆的建筑，如今化身为京津冀算力协同网络的“数字心脏”，3600个智能机柜吞吐着海量数据，万卡集群的澎湃算力如同新时代的工业血液，在数字中国的动脉中奔涌。

2024年，是这座北京市朝阳区酒仙桥的老旧厂房迎来新生的时间。这个曾经承载着新中国电子工业重要记忆的地方，如今被赋予了新的使命——北京数字经济算力中心的核心。这里不仅是一个物理空间的升级，更是北京市数字经济战略的核心组成部分，背后承载着城市对未来算力需求的深远布局。

这项实施任务交到了北电数智手中，北电数智响应盘活闲置资产助推城市焕新要求，将老旧厂房转型升级为面向AI时代的数字经济算力中心。这一转型不仅要求在设计上突破传统数据中心的局限，还需要在设备选型、系统优化和管理模式上进行创新，以确保能够提供足够的算力支持，同时满足行业日益增长的需求。

北京数字经济算力中心的建设项目设置了三大目标。第一，推动城市升级：通过对闲置建筑赋予新功能和生命力，并带动周边生态环境更新，推动城市产业升级和功能优化，提升城市整体竞争力和国际化水平。第二，促进经济发展：作为高科技产业新地标，北京数字经济算力中心将吸引国内外顶尖数字经济企业入驻，形成产业集聚效应，并通过高端算力服务促进AI研发与应用，推动数字经济产业链协同发展。第三，增加就业机会：产业升级将催生大量高技能岗位，带动周边服务行业和科技产业发展，提高居民收入水平，促进社会经济繁荣与民生改善，实现经济效益与社会效益的双赢。

北京市数字经济算力中心紧扣社会经济发展战略，坚持可持续发展原则，严格执行国家和地方的相应规范和规定，按照A级标准进行设计，提供安全可靠、绿色节能的AI算力中心，满足AI对高功率、高制冷的需求。在规划与工艺布局上，中心贯彻“可靠性、经济性、可扩充性和便于管理维护”的原则，最大化机房使用效率。依托“AI工厂”的全新理念，该项目融合了算力基础设施、可信数据空间、AI算力展示、创新孵化与协作空间以及科技广场等多重功能，成为首个星火·智算标杆项目。预计项目将建设3600个智能算力机柜，达产后实现万卡集群智能算力供给，为数字经济发展注入全新动能。

在设计和建设化层面，通过一系列先进的节能技术应用，确保项目全年运行中的PUE指标稳定维持在1.146的优异水平，显著低于北京新建数据中心PUE 1.2的准入标准。

在工艺和制冷层面，项目在能源管理和节能技术上进行大量创新。首先，在机电设备的选择上，采用了一级能效设备，并且对变配电室的布局进行精心规划，确保其靠近负荷中心，从而减少供电线路的损耗并节约投资。其次，结合建筑现状特征，空调制冷系统因地制宜，采用冷板式液冷技术+间接蒸发冷却空调机组+多联热管相变冷却系统的组合方案。

在控制层面，项目采用智能化楼宇系统，进一步实现节能运行和管控，以及DCIM系统通过统一的操作平台和统一的通信平台，完成对动力系统（供配电系统）、环境系统、安防系统（包括视频监控系统、红外报警系统）各子系统的无缝数据集成，实时获取各子系统监控数据，通过对各子系统监控数据处理、分析及逻辑判断，实现上述各子系统的集中视图、集中监控、集中告警、集中数据分析和统一运维管理。

在开源层面，鉴于北京地区太阳能资源丰富，项目利用这一资源覆盖数据中心支持区的电力需求，减少了对外部电网的依赖。项目外墙约6000平方米的晶硅光伏板能够提供431.290kWp的装机容量，预计年发电量为23.2283万度，主要用于数据中心的办公室、走廊及照明系统。这种自发自用的能源模式，有助于进一步降低运营成本。

在余热回收层面，项目采用水源热泵余热回收技术，冬季通过水源热泵机组回收液冷机柜冷却水系统的余热进行办公区域的供热。不仅可以提高能源的利用率，减少能源消耗，还可以减少温室气体的排放，缓解全球气候变暖。

在运维层面，项目引入了AI能效协同调优技术，该技术利用AI对数据中心的温湿度、IT设备能耗、制冷系统等进行实时监控和数据分析。通过构建数学模型和优化控制策略，AI技术帮助解决了传统管理方式下无法处理的复杂问题，实现了制冷系统的联合协同控制，从而大幅提升了能源效率，确保了数据中心在提供高效算力的同时，也保持着绿色低碳的运行方式。

北京数字经济算力中心的建设项目不仅在城市发展、社会创新和经济增长等多个方面起到了积极的推动作用，通过先进的技术应用，带动了智能算力领域的发展，并为AI产业提供了坚实的基础支持。

城市效益：成功将原有旧工厂改造成为高效绿色算力中心，为城市焕新升级注入全新活力。北京数字经济算力中心的成功建设，是对北京市“拆一建一”政策的有力响应，标志着旧工厂的创新性改造成为城市焕新的典范。通过对原有闲置厂房的改造，该项目避免了传统的新建模式，而是采用了创新性的转型策略。通过将这些旧工厂转型为高效、绿色的数字经济算力中心，不仅实现了资源的优化配置和重复利用，还极大地推动了本地产业结构的升级与转型。

社会效益：成功打造独特的开放式的智算中心，带来让公众可感知的AI应用场景和体验。设计注重公众参与和体验，通过动态立面灯光展现城市科技夜间景观，中心内的算力展厅、算力剧场、智算展示机房等功能区向公众开放，让居民和游客可以身临其境地感知AI时代的到来。算力展厅将融合数字艺术，展现自农耕时代起的历次工业革命变化和人类生产力的进步，展望AI时代以算力作为生产力的无限可能；算力剧场将为AI上下游企业提供交流的平台和展示科技成果的路演空间；智算展示机房将展示高效运营、低能耗的智算算力产生过程；国产算力芯片适配空间展现自主可控技术进展；科技公园广场为科技企业及公众提供交流休闲的空间。

经济效益：高效混元异构算力与极低PUE为AI产业发展带来更大增益。智能算力是推动AI创新和数字经济发展的关键基础设施，北电数智通过创新性地构建混元异构算力服务，解决了智能算力的短缺和高昂成本问题。通过将国内外不同类型的GPU汇聚成一个巨大的虚拟GPU，项目实现了国产芯片的精细化运营，确保了不同类型算力任务的高效完成。这不仅降低了AI技术应用的门槛，也提高了算力的使用效率，使更多企业能够以更低的成本获得更强大的算力支持。

北京数字经济算力中心的建设还实现了平台化和算力服务化。通过精细化的运维方式，中心为企业提供了高性价比的算力服务，推动了算力资源的普惠化。同时，中心还汇聚了众多生态企业，共同提供底座大模型、行业大模型等配套服务，进一步降低了企业在使用AI时的技术门槛。通过这些创新措施，AI在工业制造、城市交通、政务服务等领域的应用得到了加速，推动了传统行业的智能化升级，促进了数字经济的全面发展。

该项目也获得了诸多荣誉，包括入选2024全国企业数字化应用创新十佳案例、北京通用人工智能产业创新伙伴计划（第三批）算力伙伴、中关村科技园区朝阳园管理委员会（朝阳经信局）朝阳数据要素生态合作伙伴、甲子光年AI算力层创新企业奖、赛迪网2023—2024年度智算中心优秀实践案例、北京首批“AI+”应用场景案例、世界计算大会组委会2024世界计算大会专题展优秀成果、2024年全球建筑设计大奖（GADA）最高级别铂金奖、2024年美国国际设计大奖可持续商业建筑类别荣誉提名。

今天，北京数字经济算力中心已经成为北京市数字经济产业的重要支撑点，为企业和政府提供了强大的技术支持。中心不仅在算力服务上为AI产业发展提供了无缝对接，更通过智能化管理和高效运维推动了整个行业的生态升级，展示了如何在数字经济的浪潮中，突破传统模式，推动算力产业的创新与发展。

该项目背后还有一群心怀未来的科技工作者和行业领袖，他们不仅是技术的引领者，更是数字未来的构建者。从最初的构想到最终的落地，每一环节都基于对未来生产力概念的理解，针对AI时代的生产体系与系统，进行技术攻坚和团队协作。正是通过他们不断的创新探索，项目才能从蓝图变为现实，成为行业的标杆和示范。

未来，在全球范围内，随着智能化进程的不断推进，算力作为新型基础设施的重要性愈发突出。北京数字经济算力中心不仅为北京市提供了强有力的技术支撑，也为其他城市提供了一个可复制的成功模型，展示了如何在产业升级与技术创新中发掘新的发展机会。

一、引领通信行业的智能办公转型

随着5G技术的全面商用和云计算的深度普及，通信行业正经历着前所未有的变革。作为信息化社会的基石，通信企业不仅要为社会提供高质量的网络服务，更要在内部管理上实现数字化突破。在这个信息爆炸的时代，企业员工每天要在多个终端设备间频繁切换，处理海量的文档、邮件和会议任务，传统的办公方式已经难以适应这种复杂的工作环境。特别是在大型通信企业中，跨部门协作频繁、数据共享需求迫切、沟通环节复杂，这些因素都在考验着企业的运营效率。中国移动作为行业标杆，深刻认识到数字化转型已经成为企业发展的必由之路。2023年初，中国移动果断启动了一项全面的AI办公转型计划，这不仅是对内部管理模式的革新，更是对整个行业数字化转型的有益探索。

（一）传统办公模式的三重困境

在启动AI转型之前，中国移动面临着三个典型的效率瓶颈。首先是信息检索的低效性。在庞大的企业体系中，文档、邮件等信息分散在不同的系统平台，员工需要花费大量时间在信息搜索上。数据显示，仅文档搜索就占用员工每周平均12小时，这种低效的信息获取方式严重影响了工作效率。

其次是协作链条的冗长。跨部门项目往往涉及多个业务单元，传统的层层汇报和审批机制导致决策链条过长。一个简单的跨部门协作项目往往需要经过多轮沟通和确认才能推进，这不仅延缓了项目进度，还增加了沟通成本。

最后是决策效率的滞后。在快速变化的市场环境下，企业需要及时调整策略、快速响应变化。然而，传统的决策模式往往依赖经验判断，缺乏数据支撑，这导致决策过程耗时较长，且存在一定风险。

（二）AI赋能全方位突破

智能文档管理的革新：为了突破这些瓶颈，中国移动接入了基于深度学习的智能文档管理平台。通过整合BERT模型和ElasticSearch技术，平台可以准确理解用户的搜索意图，将文档检索时间从平均15分钟缩短至30秒。更重要的是，系统能够自动提取文档中的关键信息，构建企业知识图谱，让零散的文档转化为结构化的知识资产。

智能协作平台的深度应用：在跨部门协作方面，中国移动通过配备智能会议助手，能够实时转写会议内容，自动识别会议重点和任务分配。在一个覆盖15个部门、300多名员工的5G网络建设项目中，这套系统使得会议效率提升了65%，项目整体周期缩短了30%。智能会议助手不仅记录会议内容，更能够理解会议中的决策过程，自动跟踪任务执行情况，确保每个重要决策都能得到有效落实。

预测性分析与智能决策支持：中国移动还构建了AI决策支持系统，将AI技术引入企业决策流程。系统通过整合企业内部的多源数据，构建了统一的数据湖架构，实现了数据的实时同步和标准化处理。在网络资源调配等关键业务场景中，系统能够提前24小时预测流量高峰，自动生成资源调配方案，极大提升了运营效率。这种数据驱动的决策方式，使得管理层能够在复杂的市场环境中作出更快速、更准确的判断。

（三）转型成效与经验启示

这场AI办公革命为中国移动带来了显著的效率提升和成本节约。整体办公效率提升了78%，文档管理效率更是提升了300%。在成本控制方面，人工成本降低了35%，管理成本降低了42%。更值得关注的是，这种转变激发了组织的创新活力，员工满意度提升了52%，跨部门协作更加顺畅高效。

中国移动的成功经验表明，AI转型需要从实际问题出发，而不是盲目追求技术创新。中国移动采取了务实的实施策略，通过试点、推广、优化的循序渐进方式，确保每项AI应用都能切实解决业务痛点。同时，中国移动高度重视变革管理，通过持续的培训和激励机制，帮助员工适应新的工作方式，培育数字化思维。

AI在通信行业的落地不仅提升了单个企业的办公效率，还推动了整个行业向更高效、更智能的方向发展，企业能够预测潜在的瓶颈并提出优化建议，从而避免资源浪费。未来，AI在通信行业的应用潜力将更加广泛；个性化办公体验将成为主流，AI将根据每位员工的习惯提供定制化服务；无缝跨平台的协作工具也将全面普及，帮助企业实现更高效的数据整合与协作。同时，随着AI技术的进一步成熟，全自动化办公将逐步实现，员工可以将更多时间投入创新性工作中，为企业创造更大的价值。

二、AI赋能学生、教师与教育机构

近年来，教育行业呈现出日益多样化和个性化的趋势，但传统教育模式依然面临诸多挑战。首先，学生的学习需求呈现出多样性，而教学资源的供给却无法与之匹配。其次，教师工作负担繁重，往往难以兼顾每位学生的个性化需求，导致个别学生的学习效果无法得到充分关注。最后，教育机构在管理和运营方面效率较低，资源浪费现象严重。

（一）AI教育“四重奏”

数据平台建设：建立统一的教育数据管理平台是实现AI应用的基础。这个平台需要整合学生的学习记录、教师的教学资源、课程内容、考试成绩以及教育机构的运营数据，如资源分配、财务状况等。通过这种整合，能为AI提供海量数据支撑。一方面，AI可据此优化学习路径，为学生量身定制个性化学习方案，动态调整课程安排，提升教学资源分配效率；另一方面，借助AI对数据的分析处理，能有效减轻教师在学情分析、作业批改等重复性工作上的负担，全面提升教育教学的质量与效率。

引入AI解决方案：在数据平台建设的基础上，教育机构可以引入专门的AI解决方案，具体包括个性化学习平台、智能课堂系统、智能答疑平台等。这些AI平台可以通过机器学习和自然语言处理技术，实现对学生学习习惯、兴趣、进度的实时分析，并为学生推荐个性化的学习路径和资源。

教师与技术团队协作：为了确保教师能够顺利使用AI工具，并最大化其教学效能，教育机构需要建立一支技术团队来提供持续支持。教师和技术团队的密切合作是实现AI技术成功应用的关键，培训和支持方案应该涵盖如何使用AI辅助工具、如何解读AI生成的学习报告、如何优化课程设计等。

教学与管理自动化：AI通过自动化工具减轻教师的负担，尤其是在作业批改、课堂记录整理、学习效果评估等重复性工作上。AI系统能够自动批改作业、生成学习报告，并根据学生的学习表现提出改进意见。此外，AI也可以在课程安排、资源分配、财务管理等教育机构运营的方方面面实现自动化，提升机构管理效率。

（二）变革的路径

学生端：在学生端，AI通过对学习数据的深度分析，为每位学生量身定制个性化的学习路径。基于学生的历史表现、兴趣偏好和知识掌握情况，AI能够精准推荐最合适的学习资源和进度，帮助学生在最短的时间内弥补知识空缺。AI助教可以实时回答学生的问题，并提供定制化的学习建议，无论是简单的知识点解释还是复杂的概念讲解，都能迅速解决学生的疑虑。同时，AI会不断监测学生的学习进展，生成详细的学习报告，帮助学生了解自己的优点与不足，并根据反馈优化学习策略。

教师端：在教师端，AI提供了一系列教学辅助工具，帮助教师提升教学效果并减轻日常工作的负担。AI可以自动生成符合教学目标的课程内容，设计与学生能力水平匹配的考试题目，甚至根据学生的学习数据分析生成个性化的辅导建议。它能够自动批改作业、评估学员答题情况，并提供详细的反馈，帮助教师更高效地了解每个学生的学习情况。AI还可以自动整理课堂记录，生成教学总结报告，为教师提供宝贵的数据支持，使教师能够根据学生的表现调整后续课程内容，从而进一步提升教学质量。

教育机构端：在教育机构端，AI通过智能化管理工具优化招生、课程安排、资源分配和财务管理等各项运营任务。AI能够通过市场趋势分析和学生需求预测，为教育机构制定精准的招生策略，提升招生效率。AI还可以自动调整课程安排，确保资源合理分配，避免时间和资源的浪费。同时，AI还支持财务管理，实时监控资金流向和预算执行情况，帮助教育机构优化运营效率，降低管理成本。这一系列智能化操作使得教育机构在管理上更加高效、灵活，能够更好地满足学生需求，提升整体教育服务水平。

以平安知鸟的“智能培训平台的技术架构与场景应用”为例，作为平安集团孵化的职业培训智能服务平台，平安知鸟整合了集团培训管理经验与数字化能力，为政府数字化教育建构、企业数字化人才培养、院校机构数字化转型升级和职场人自我提升等场景，提供智能化解决方案。

针对传统企业培训存在的话术培训难、做课成本高、考核过程周期长、缺乏对学习成果的精准测评等痛点，平安知鸟基于阿里云通义千问大模型，按照培训行业的人才通识能力，加上所服务的客户行业分类的特性，成功构建知鸟Agent平台层，在不同业务场景下应用Agent全面升级产品矩阵，重点包括三大产品：AI导师、智能陪练3.0、AI百宝箱。

AI导师：相当于员工的“全方位私域专家”，可为员工提供培训、业务指导、技术支持、销冠复制等多方面支持。

智能陪练3.0：相当于员工的“智能话术陪练利器”，能针对销售、客服、岗前、技能等多个场景，自动生成陪练机器人，以自动生成话术、自由对话、科学评价等方式赋能员工培训。

AI百宝箱：包括AI考试、AI做课、AI运营、AI直播功能。平安知鸟指出，AI百宝箱不仅能将智能出题耗时减少90%，还能一键生成课件，借助数字人视频课件、游戏式互动课等，打造更沉浸的培训体验。

平台通过“技术底座+场景应用”的双轮驱动模式，已形成覆盖2000余家企业的服务网络，累计服务超7700万员工（数据截至2024年12月）。其技术架构将大模型能力与垂直场景深度结合，在降低企业培训成本的同时，实现了人才培养效果的可视化验证，为AI技术在教育领域的产业化落地提供了实践样本。

事实上，教育行业作为社会发展的基石，近年来在多样化和个性化需求的驱动下，正经历着深刻的变革。AI技术的引入为教育行业提供了全新的解决方案，从学生学习到教师教学，再到教育机构的运营管理，都发生了显著变化。未来，AI将在教育行业释放更大的潜力。随着技术的不断进步，终身学习生态系统将逐步成型，AI将覆盖从幼儿教育到职业培训的全生命周期学习需求。全球化教育资源共享也将因AI的翻译和适配技术而成为可能，不同语言、文化背景的学生将能够轻松获取优质教育资源。此外，智慧校园的全面实现将成为教育行业的标志性转型，AI将全面覆盖校园管理、教学支持和学习分析等领域。可以大胆预测，未来的教育将更加开放、智能和高效，真正实现因材施教和教育公平，为社会培养更多创新型人才。

三、AI驱动金融业务创新银行场景

在数字化转型浪潮中，北京某银行通过大模型技术实现了金融服务模式的颠覆性重构。该案例以信贷与理财两大核心业务为切入点，系统展示了AI如何突破传统金融服务的效率瓶颈与质量天花板，推动银行业从机械化流程执行向智慧化决策支持转型。其创新实践不仅解决了人力成本高企、服务标准不统一的行业痼疾，更开创了“人机协

同”的新型服务范式。

该银行在传统业务模式下面临双重困境：在信贷业务方面，信贷经理超过六成工作时间消耗在政策解读、文档整理等基础事务上，导致人均服务客户量长期停滞；在理财服务方面，因理财师专业能力参差不齐，客户资产配置方案采纳率不足七成，且存在明显的服务体验断层。这些痛点背后，实则隐藏着数据资产开发不足、智能决策缺位等结构性矛盾。随着金融科技监管框架的完善与多模态大模型的成熟，构建智能化业务中枢已成为破局关键——通过机器处理标准化事务释放人力，同时借助算法确保服务质量的稳定性，为传统金融服务注入新动能。

该银行创造性搭建的“智慧双脑”系统，构建了覆盖全业务链的智能决策网络。信贷业务端，动态风险评估引擎突破传统评分卡模式，整合企业水电缴费记录、供应链数据等非结构化信息，通过时空注意力机制捕捉风险信号的传导路径，将贷前审查效率提升3倍的同时，将不良贷款预警准确率推升至92%历史高点。智能问答助手深度解构2800余份监管文件，建立包含12万条知识节点的政策图谱，可在5秒内生成合规应答方案。

该银行的理财服务转型更为彻底，客户画像3.0系统通过解析App操作轨迹中的300余个行为特征点，精准预测客户产品偏好周期。动态资产配置引擎引入宏观政策语义分析模块，将央行公报、行业研报等文本信息量化为128维政策因子，使配置建议的市场适应性提升45%。更值得关注的是，AI培训系统构建的虚拟实训空间，通过模拟高净值客户、养老客群等差异化对话场景，使新人理财师的实战能力培养周期从6个月压缩至8周。

该案例采用的系统基于“双引擎驱动”技术框架，业务决策脑基于Transformer-XL架构实现长周期决策建模，处理信贷风控、资产配置等复杂任务；服务交互脑则采用轻量化T5模型，专注对话生成、文档解析等高并发场景。数据中台层集成客户关系管理、外部舆情等18类数据源，通过知识蒸馏技术构建银行业首个万亿token级预训练语料库。为保证模型决策的可解释性，特别开发了监管沙盒验证模块，所有AI输出均需通过反事实解释框架的合规性校验方可投入生产环境。

系统上线半年后的数据显示，信贷业务人均处理效率提升210%，不良贷款发生率同比下降2.3个百分点；理财端客户资产规模增长率达行业平均水平的1.8倍，高端客户留存率提升至91%。智能化改造带来的最显著变化在于人力价值重构——信贷经理将主要精力转向客户关系维护与复杂案件处置，顶尖理财师则转型为AI策略师，通过标注关键决策样本持续优化模型表现。这种“人力解放—价值再造”的良性循环，验证了人机协同模式在金融领域的可扩展性。

面对企业微信生态中爆发的客户交互需求，该银行构建了“感知—决策—创造”“三位一体”的AIGC解决方案。座席超级辅助系统突破传统客服系统的响应瓶颈，其多模态理解模块可同步解析客户语音中的焦虑情绪与文本中的隐性需求，使会话转化率提升27%。智能营销工厂展现强大的内容生产力，能根据客户持仓变动自动生成图文诊断报告，其中，H5版本嵌入交互式沙盘推演功能，使客户资产再配置意愿度提升40%。

会话洞察引擎则开辟了需求挖掘新维度，通过主题演化分析捕捉到养老金融产品的爆发式增长趋势，推动银行提前3个月完成相关产品线布局。数字人IP矩阵的运营成效尤为突出，虚拟理财顾问“小智”

的直播路演吸引超50万客户观看，其通过强化学习迭代的话术策略，使基金定投开户转化率达到人工服务的2.3倍。这些创新实践标志着银行客户运营已进入“智慧伴跑”新阶段。

该案例揭示了大模型重塑金融服务的三重跃迁路径：在工具层面实现业务流程自动化，在策略层面构建数据驱动决策机制，最终在生态层面形成自我进化的智慧服务网络。对于从业者而言，核心能力矩阵正在发生根本性转变——信贷专家需掌握风险特征工程建模能力，理财师则要转型为客户需求翻译官，将碎片化沟通转化为机器可理解的训练数据。这种人与AI的深度协作模式，或将重新定义未来十年金融服务的价值创造方式。

总结与展望

AI技术作为这一转型的核心驱动力，不仅为企业带来了前所未有的机遇，也带来了诸多挑战。本章节从企业AI化的痛点与路径出发，深入探讨了AI技术落地的实践策略，并通过多个行业案例展示了AI技术在不同场景下的应用价值与创新实践。

在宏观层面，企业AI化的进程是一个系统性、多层次的变革。企业在推动AI技术落地时，往往面临技术选型、数据治理、人才短缺以及高昂成本与合规要求等多方面的挑战。这些挑战并非孤立存在，而是相互交织、相互影响，构成了一个复杂的生态系统。因此，企业在制定AI战略时，需要从技术、组织、人才、治理等多个维度进行统筹规划，以实现技术与业务的深度融合。

技术选型是企业AI化的重要起点。企业可以根据自身的规模、资源、技术能力以及市场需求，选择自建团队、与技术公司合作或采用开源平台等不同路径。自建团队能够实现高度的技术定制化与长期竞争力积累，但需要大量的资金投入和时间成本；与技术公司合作则可以快速启动项目，但可能面临技术依赖和数据安全问题；开源平台则为预算有限的企业提供了灵活的选择，但需要较强的技术能力支持。无论选择何种路径，企业都需要在技术的灵活性与成本效益之间找到平衡。

数据作为AI技术的核心基础，其质量直接决定了模型的效果。企业在推进AI化时，必须重视数据治理，打破“数据孤岛”，建立完善的数据管理体系，确保数据的准确性、完整性和可用性。同时，AI技术的落地还需要强大的算力支持。随着模型复杂度的提升和应用场景的多样化，企业需要在本地算力部署与云端资源协同之间进行合理规划，以实现资源的高效利用与成本效益的平衡。

在实践层面，AI技术的应用并非一蹴而就，而是需要通过渐进式的方式逐步推进。渐进式应用策略通过分阶段、分步骤地引入AI技术，降低了技术风险和业务不确定性，同时能够根据实际反馈进行优化调整，逐步提升技术的适配性和稳定性。这种策略尤其适用于技术复杂度高、应用场景不确定的AI项目，能够帮助企业更好地控制技术实施的节奏和规模。

通过了解多个行业案例，不难发现，AI技术在不同场景下的应用价值。例如，在教育领域，AI技术通过个性化学习路径、智能答疑系统和教学管理自动化，为学生、教师和教育机构带来了显著的变革；在金融领域，AI技术通过智能决策引擎、动态风险评估和客户画像系统，推动了金融服务模式的颠覆性重构；在政务和工业领域，AI技术则通过大模型的应用，实现了效率提升、成本降低和服务优化。这些案例表明，AI技术不仅能够解决企业的短期痛点，更能够为企业带来长期的竞争力提升。

展望未来，AI技术将在更多行业释放出更大的潜力。随着技术的不断成熟与应用场景的不断拓展，AI将深度融入企业的核心业务流程，成为推动企业创新与发展的核心动力。在教育领域，AI将助力构建终身学习生态系统，实现教育资源的全球化共享；在金融领域，AI将进一步优化金融服务模式，推动人机协同的新型服务范式；在工业和政务领域，AI将加速智能化转型，提升社会治理和公共服务的效率与质量。

然而，AI技术的广泛应用也带来了新的挑战。数据隐私与安全、算法的可解释性、AI伦理等问题将成为企业和社会需要共同面对的重要课题。企业需要在技术应用过程中，建立完善的数据治理体系和AI伦理框架，确保技术的合规性与可持续性发展。同时，企业还需要加强与政府、科研机构、行业联盟等的合作，共同推动AI技术的普及与应用，形成协同发展的良好生态。

总之，AI技术的落地是一个系统性、动态性的过程，需要企业在技术选型、数据治理、人才储备、算力规划等多方面进行统筹规划与协同推进。通过渐进式应用策略和科学的实践方法论，企业能够在AI技术的浪潮中找到适合自身发展的路径，实现技术与业务的深度融合，推动企业的智能化转型与可持续发展。

第四章

创业还是创收？AI产品的市场适配逻辑

数智观察

在历史的浩荡长河中，每一次文明的重大跃迁，都是新大陆的勇敢探索者与旧秩序的顽强守护者之间的激烈较量，是“洪水与猛兽”。

我们已不再满足于沿着既有的轨道亦步亦趋，而是要勇毅地成为未来秩序的积极制定者。时代的重任，历史性地交到了中国原创高新科技企业的手中。在这场意义非凡的革命中，其本质远远超越了“技术迭代”和“市场博弈”这样简单的叙事框架。一个残酷且真实的法则已然清晰呈现：未来谁掌握了创新主导权，谁就将拥有无可比拟的话语权。

而话语权并不在“大国”“大企业”的手里，拥有话语权的主体是现实中的哪吒，他们通过自我觉醒与行动，实现从被定义到自我定义的转变。在这个充满机遇与挑战的全新舞台上，在创新面前，人人平等。我们必须打破“大国迷信”“大企业迷信”，如哪吒般在反抗中重塑自我与世界的关联。

中国的原创性高科技企业在第四次工业革命的浪潮中，迎来了领跑世界的绝佳契机。我们应深刻思考，如何让科技更好地服务于人类，实现科技向善向美的伟大愿景。我们要有构建思想领导力与技术领导力的雄心壮志，勇敢地重新定义AI。

AI的进化曲线正以指数级速度重塑商业世界，但技术的突飞猛进与市场的接受程度之间始终存在鸿沟，从实验室到商业化的路径依然布满荆棘，这种技术落地鸿沟揭示了AI创业的核心矛盾：如何将前沿技术转化为可持续的商业模式。

AI产品的商业化是技术与市场的动态博弈，本章将解剖AI创业的“黑箱”，揭示市场适配的核心逻辑：从技术幻想到真实需求，从MVP（最小可行产品）验证到场景深挖，从生存挣扎到构建壁垒，通过赛道选择、产品打造、团队建设、生态融合四大核心模块，构建一套完整的市场适配方法论。

我们摒弃空泛的理论说教，转而采用“手术刀式”的案例分析，拆解全球十余个标杆案例，提炼出可复用的实战框架。对于每一位AI创业者而言，这既是一张避开死亡陷阱的导航图，也是一把打开商业价值的万能钥匙。

第一节　AI创业赛道选择：在技术浪潮中锚定价值坐标

一、选赛道的“三大逻辑”

深入了解当下创业公司的经历不难发现，在创业之初的赛道选择上，普遍遵循了“三大逻辑”：

逻辑一：资源禀赋的动态评估。创业的契机各有各的不同，但第一步怎么迈却万变不离其宗：创业者应分析自身及团队的资源禀赋，如技术积累、市场洞察、人脉网络、资金支持等，选择最有优势的赛道。

正如北京海外高层次人才协会副理事长、秘书长武沂在“2024 AI创新者大会暨PEC · 提示工程峰会”上所言：在AI创业的浪潮中，清晰认知自身定位至关重要。每一位投身其中的从业者，于过往所处行业积累的经验、秉持的理念以及坚守的执念，都意义非凡，它们在很大程度上决定了未来产品的发展方向。创业之路，荆棘丛生，成功概率悬殊，堪称九死一生的艰难征程，因此，时刻铭记创业的初衷与来路，就显得尤为关键。

这番论述，精准地揭示了创业最核心的命题——深刻的自我认知与对自身资源禀赋的准确把握。唯有清晰洞察自身优势与局限，合理调配资源，才能在复杂多变的市场环境中找准方向，稳健前行，提升创业成功的概率。

逻辑二：需求痛点的穿透性挖掘。一个成功的产品或服务，往往源于挖掘尚未被满足的刚需，这包括对市场规模、竞争态势和增长空间的全方位评估。

中关村智用人工智能研究院首席产业研究员、清研载物人工智能基金主管合伙人钱雨在2024年AI创新者大会暨PEC提示工程峰会上分享了这样一段真知灼见：“我观察真正做得好的（AI创业）企业，不是基础模型做得多好，甚至不是说AI实力多强，不是说我有一堆特别牛的科学家，不是这样的。而是说，这些企业做某个行业，深耕了很多年。”

钱雨分享了一个令他印象深刻的案例：此前他们投资过一家企业，专注于叉车智能化，这个看似异常冷门的细分赛道却蕴藏着独特商机。在当前全球供应链重构的大背景下，西方制造业对智能叉车的需求与日俱增，该企业发现了主机厂对于大模型的刚需。

该企业深入调研并抽丝剥茧，捕捉到了叉车制造主机厂在智能化升级过程中的痛点，并迅速将大模型技术与传统工业场景深度融合。通过持续打磨解决方案，他们的服务逐渐得到行业认可。如今，在全球排名前十的叉车主机厂中，已有一半主机厂选择与他们合作，这个成绩着实令人瞩目。

逻辑三：使命初心与长期愿景的定力。当年互联网时代信奉“站在风口猪都能飞起来”，如今AI创业却不可同日而语，尽管大家依然会因为一个技术浪潮而趋之若鹜，但是很容易忽略一个更深层的问题：为什么要踏上这条路？

所谓好的公司卖产品，伟大的公司卖愿景，创业之路注定充满挑战和不确定性，但一个清晰的使命和坚定的愿景，能够像灯塔一样指引方向。

二、“AI产业链”其修远兮，吾将上下而求索

回顾AI的历史，不难发现它在高潮与低谷的交错中，先后经历了三次浪潮，几度沉寂又几度高昂，也在不断孕育着新的创业机遇。

现阶段，以大模型为代表的AI已经远远超出了最早的设定，北电数智专家指出，现在的AI可以视为第四次工业革命的开始，它会像过去三次工业革命一样，带来重塑世界的能力。

现在的AI上下游产业链可以划分为4层架构：大模型与基础技术层、垂直行业应用层、智能硬件与机器人层、生产力工具与消费级AI应用层，每一层都扮演着不可或缺的角色。

大模型与基础技术层：包括通用人工智能、模型训练优化、算力基础设施等，适合具备强技术背景的创业者，但资金和资源门槛高。

场景应用层
智能助手
OpenAI Google Microsoft Meta Anthropic
Apple Samsung Sider Text Cortex AI 百度
腾讯 阿里云 火山引擎 科大讯飞 商汤科技
智谱 月之暗面 Minimax 西湖心辰 联想
小米 荣耀 vivo oppo
金融
OpenAI Google Meta Anthropic Mistral AI
Cohere 百度 蚂蚁集团 科大讯飞 京东
华为云 智谱 容联云 恒生电子 星环科技
中关村科金 中科闻歌
医疗
OpenAI Google Meta GenHealth.ai Variational AI
百度 阿里云 科大讯飞 商汤科技 华为云
蚂蚁集团 云知声 百川智能 左医科技 医联
办公
OpenAI Google Microsoft zoom SlidesAI
Smartwriter Typeface 腾讯 阿里云 科大讯飞
商汤科技 金山办公 印象笔记 Xmind
教育
OpenAI Google Meta Byju's grammarly
duolingo Quizlet 百度 科大讯飞 网易有道
好未来 作业帮 松鼠Ai 猿辅导
奥运
Google Intel 百度 阿里云 科大讯飞 商汤科技
智能汽车
百度Apollo 科大讯飞 商汤科技 云知声 小米 蔚来 理想
营销
OpenAI Salesforce Klaviyo CopyAI 百度 腾讯 科大讯飞
影视
OpenAI Luma AI PIKA runway Stability AI 快手 商汤科技 智谱 生数科技 爱诗科技
法律
OpenAI Everlaw CS Disco Harvey 阿里云 科大讯飞 法大慧云 幂律智能
政务
Policy Insider AI 华为云 科大讯飞 蜜度 拓尔思

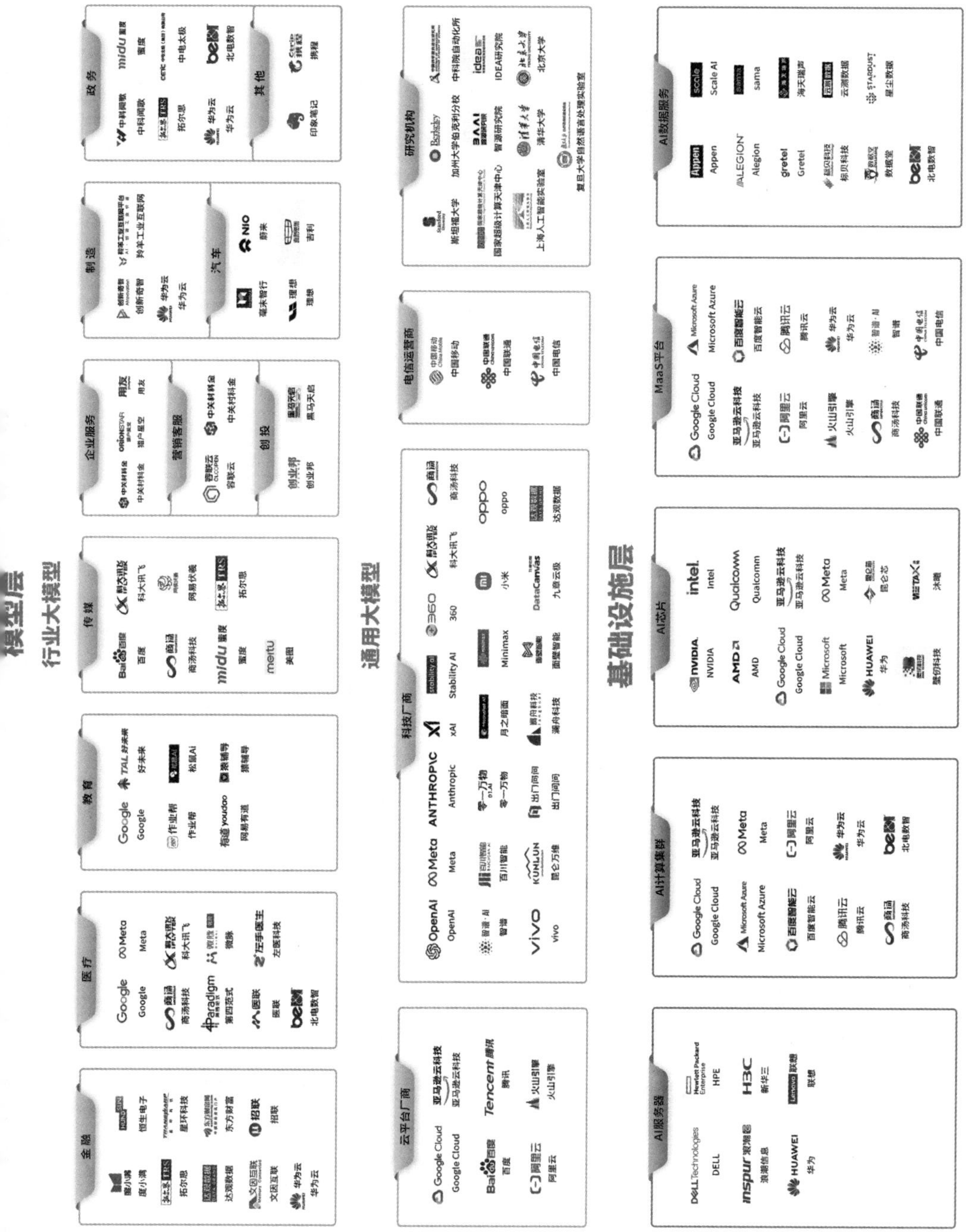

图1　天津市人工智能学会、至顶科技、至顶智库联合发布的
2024年全球AIGC产业全景图谱

垂直行业应用层：如金融、医疗、教育、制造等行业的AI落地，强调数据驱动和业务深度结合，商业化路径清晰。

智能硬件与机器人层：结合AI与硬件产品，如自动驾驶、智能家居、工业机器人等，涉及硬件供应链与规模化生产挑战。

生产力工具与消费级AI应用层：如AI Agent（AI代理）、AIGC、AI助手、智能办公、低代码开发等，关注产品体验和市场渗透率。

"一站式创业生态平台"HICOOL 2020年至2024年AI细分赛道项目报名数据指出了AI发展过程中的一些风向：约在2020年，大家的目光聚焦深度学习、机器学习、机器视觉等高技术门槛领域；而到了2023年，AI的风向转移到了AI应用场景，"AI+"千行百业成了当下最热的AI创业细分领域。

一边创业热情不减，另一边风险投资机构却越来越谨慎。HICOOL数据显示，2024年，AI赛道获得融资的项目总数118个，融资率8.3%。而在2023年，融资率虽然上升至10.37%，但获得融资的项目大都在A轮之前，B+轮的项目很少，获得B轮以上投资的项目在2023年占比12.3%、2024年下降至8.5%，这表明进入成熟阶段的项目相对较少。其中，应用场景项目获得融资数达到137个，占融资总数的72.9%，表明AI创业项目已从早期的技术研发阶段逐渐转向行业应用阶段，尤其是在需要AI解决实际业务问题的行业，这类项目受到了资本的广泛青睐。此外，基础和技术层的融资较少，基础层、技术层分别有20个、17个项目获得融资，占比相对较小（分别占比10.6%、9.0%），这意味着投资者在2024年更加偏好具备快速商业化和应用潜力的项目。

尽管AI创业考验增加，但创业者也不用杞人忧天。为了支撑中国AI产业高质量发展，北电数智所打造的星火·智算，提供规模化智能算力、大模型开发调优、AI数据可信服务到AI工程化全栈能力的“AI工厂”，适应AI小厂时代的发展趋势，让创业企业、独角兽企业能够找到自己即插即用的AI解决方案。无论是企业还是个人，都可以在这里找到符合自己需求的AI产品。企业可以快速AI化，重新定义自己的业务，甚至重新定义自己的行业。个人也可以尽情地享受AI带来的便利和福利，增强自己的能力，改变自己的生活方式。

前央视主持人、北京凯利时科技有限公司董事长刘建宏在2024年AI创新者大会暨PEC提示工程峰会上就AI创业的分享也传递出了一个AI应用落地的积极信号。

刘建宏分析，内容生产经历了三个发展阶段：传统平台依赖的PGC①模式，虽然品质精良但成本高昂；新兴平台推崇的UGC②模式，通过“从群众中来，到群众中去”模式实现了内容的规模化；而正在崛起的AIGC③模式，必将在这场内容革命中占据重要位置。在当前的内容市场上，无论是腾讯、爱奇艺这样的传统视频平台，还是抖音、快手这样的新兴平台，本质上都是内容的传播渠道，而非内容的原创生产者。

基于对市场的深刻理解，刘建宏的团队实现了一次创新实践：在马拉松赛事中，为跑者定制AI生成的个人短视频，不仅解决了参赛者的情感需求，更开创了一个全新的商业模式，最终取得了优异的成绩：近100万条跑者短视频的累积，20%的付费转化率，年收入突破千万。

---

① PGC（Professional Generated Content），是指由具备专业技能的团队或机构创作的内容，通常具有较高的专业水准和品质要求。

② UGC（User Generated Content），是指由普通用户自发创作的内容，如社交媒体上的帖子、短视频、直播等。

③ AIGC（Artificial Intelligence Generated Content），是指利用AI技术创作的内容，可以生成各种类型的文本、图像、音频、视频等内容。

三、案例深潜：AI创业的“十八般武艺”

北电数智专家在2024年AI创新者大会暨PEC提示工程峰会上曾指出，中国AI产业的优势在于有大量的人才储备和数据场景储备，这让中国AI创业者们有了更大的平台迭代自己的产品，并最终将这些AI产品推广到全世界。

通信

技术的自身发展存在不均衡性，比如，有些技术的进步呈现指数级增长，而有些技术却长期维持线性增长，甚至停滞。得翼通信的创始人兼CEO王子明发现了这个问题，他在一篇回顾公司创业过程的文章中写道：请大家回顾一下自己使用的电子产品，是否还记得上一次你使用不同品牌和配置的手机、笔记本和平板出现过因CPU引起的卡顿是什么时候？你是否还在意笔记本的CPU速率或者内核数量？手机还跑分吗？今天，你手机或者笔记本遇到的卡顿基本都来自无线连接的卡顿。没有好用的网络连接，再高配置的终端也都变成了砖头。

即使是在现在的5G和Wi-Fi 7应用阶段，王子明所说的情况也没有明显改观，网络卡顿依然是消费者常会抱怨的一个问题。王子明曾在一次行业大会上指出，虽然中国的4G、5G网络全球第一，光纤入户比例95%世界第一，但是老百姓对家庭Wi-Fi网络质量的不满意度却越来越高。虽然大家的手机越来越快了，但是对网络体验的提升满意度却停滞不前——显然，技术不够进步。所谓需求驱动创新，这个问题也就成了2019年王子明创业的起点。他惊奇地发现，网络的瓶颈，源自大众不太了解的技术——“射频”。

射频技术可追溯至19世纪末20世纪初，当时无线电通信的先驱们，如赫兹和马可尼正在探索电磁波的奥秘。而在20世纪40年代，电子计算机的出现将计算技术推向现代化。因此，两个领域的现代发展近乎同步启动，也都得益于1947年晶体管的发明这一关键突破。不过，它们的进化轨迹却有着显著的差异。

计算技术遵循着摩尔定律，计算器件可以通过不断缩小晶体管尺寸及提高集成度来提升性能，从最初的微米级发展到如今的纳米级，呈现指数级跃迁，每18个月性能翻倍；相比之下，射频技术的进步则更接近线性增长，其进步更多依赖于材料和工艺的突破，尽管射频器件的频率范围已经从MHz扩展到GHz（甚至以后要到THz），其效率提升仍然相对缓慢。在王子明看来，传统射频器件是模拟器件，如果只是通过改善射频器件性能来提升网络体验，结果只会是线性化的缓慢增长，且成本非常高昂。但如果一个射频器件的辐射范围不够，是否可以通过两个射频器件来增大功率呢？

通过两个射频器件来增大功率的方法投入产出比很低，早年间的射频器件主要依靠砷化镓、氮化镓材料堆料来提升性能，功率、带宽和功耗三大指标均由射频材料决定，需要更多的冗余设计才能使系统稳定工作，大概两倍的成本投入，只能带来大约35%的性能提升。

如果我们将这两项技术套入鲍莫尔的经济模型，“计算”是更快速进步的部门，而“射频技术”就是那个缓慢的、不够进步的部门。于是，王子明创立了得翼通信，旨在将计算能力带入射频世界。得翼通信提出的办法是数字补偿，王子明用“眼镜”的原理来解释预失真技术：功率放大器就像是一个视力不佳的设备，它在放大信号的过程中会产生失真，如同光线没有正确聚焦一样，看得越远，就越不清楚。预失真技术是为功率放大器量身定做的“眼镜”，通过在信号进入功率放大器之前对其进行预处理，提前添加一定量的反向失真（因此被称为“预失真”），通过负负得正的原理抵消功率放大器在放大过程中产生的非线性失真。

在射频领域，有一个吞吐率、功率、效率的约束三角说法。比如，当射频器件发射功率提高时信号就会失真，耗电如果再提高就只能回退功率，但这样会导致信号覆盖范围变小，用户体验变差。

如何保持在信号不失真的情况下信号能传得更远，整系统的耗电更少，这是射频领域的技术人员长期追求的优化目标。王子明说，“通过得翼通信的解决方案，射频性能指标，可能比行业的天花板指标还要高出10倍，以前行业在Wi-Fi最高速度下能输出约100毫瓦的功率，现在可以输出1瓦”。

显然，这就是一个专业化的AI模型，基于信号传输在不同情况下的数据积累，使用算法来自动调优信号。最终，得翼通信将这套算法和引入信号链时需要的其他模块综合在一起，固化为一颗芯片，命名为“RPU射频增强处理器”。

万物之始、大道至简，得翼通信的创业故事告诉我们，用简单方法解决复杂问题是创业的基本思路之一，正如爱因斯坦所言，“所有科学中最重大的目标是从最少数量的假设和公理出发，用逻辑演绎推理的方法解释最大量的经验事实”。

通信+AI：小水智能的商业进化之路

作为AI基础技术层和垂直行业应用层的典型代表，国家级专精特新“小巨人”企业小水智能的发展历程和经营策略同样值得借鉴。

“在小水智能创业过程中经常会畅想未来，进而进行前置投入，实际上，持续的前置投入如果没有实现真正的造血能力很难挺过创业第一阶段，这个阶段也叫创业企业的生死期。”北京烽火万家科技有限公司总裁孙雪峰说道。

2019年，小水智能发现了安防领域一个重要的市场机会：传统的户外安防摄像头面临着一个痛点，在偏远或网络基础设施薄弱的地区，很难实现实时监控和数据传输，而随着2019年5G牌照的发放，4G、5G技术的普及为这个市场带去机遇。恰好当时正在寻求物联网通信解决方案的安防龙头海康威视找到了小水智能，摆在小水智能面前的合作模式有两种：第一种是项目合作制，收取单次开发费用；第二种是建立长期战略合作制，为对方提供AI PaaS[①]平台能力，与对方建立利润分成机制，通过流量差价获取利润，形成长期合作的商业模式。

经过深入思考，小水智能选择了后者，为海康威视免费搭建了通信服务平台，为其终端用户提供一站式通信服务。在传统情况下，消费者买了摄像头后需要自己去营业厅办理摄像头通信业务，当时的小水智能创新地将通信服务前置到产品出厂环节，终端用户购买摄像头后只需扫码即可激活流量服务。这种模式既解决了终端用户的痛点，又让小水智能得以借助合作伙伴的销售渠道，快速扩大市场覆盖，实现了渠道效率的最大化。

这一决策很快得到了市场验证。2020年至2021年，随着户外安防需求的增长，业务规模快速扩张。应用场景从农村鱼塘、果园到小型工厂、仓储设施等不断扩展，海康威视的设备部署量实现了年装机从几万台到百万台的跨越式增长，小水智能也因此实现了赋能价值。

这只是小水智能众多成功案例的冰山一角，而这样成熟的商业模

---

① AI PaaS（人工智能平台即服务）是一种将AI技术、开发工具、数据库和其他支持服务整合在一起的云计算服务模式，旨在帮助企业快速构建、测试、部署和管理AI应用。

式其实也是其在失败的教训中摸索而来的。

从公司2015年实际经营伊始，小水智能最初立足云通信服务，为华为云、百度云等大型云平台提供基础短信通信能力。这是公司的根基所在，也是最早的业务板块。在发展早期，小水智能也曾被各行各业对AI的需求所吸引，投入大量资源进行个性化开发。然而，高昂的AI工程师成本、零散的试点项目性质让这种模式可持续性差、研发成本倒挂。

孙雪峰回忆起那次险些失败的经历说："我们都经历过那种看似美好的未来。"前几年，AI有一波热潮是来自具备语音功能的智能硬件，那段时间小水智能在该领域投入了七八千万，"是中国第一批的智能语音入局者"。但是这种追逐风口的做法难以为继，由于该领域需要大量资金投入，小水智能在该领域的研发投入远远大于收入，前期还能依赖投资人资金，但在2018年左右资本环境恶化时几乎导致公司倒闭，好在小水智能马上调整了战略，也就是上文所述的故事。

后来，小水智能选择专注于打造AI PaaS平台，平台整合了三大运营商的通信资源，为华为云、百度云等大型云平台提供基础通信能力。通过这种方式，小水智能间接服务了数十万家企业的多样化通信需求：从最基础的验证码、密码找回，到快递外卖、网约车等复杂场景。这种标准化服务模式确保了业务的可复制性和规模效应，这一策略源于对市场本质的深刻理解：企业对AI的需求千差万别，但对通信服务的需求却有着共同的标准化特征。

无论是创业公司，还是大企业的创新团队，都会面临这样一个可能的风险，就是当一项新技术来临，很多创业团队特别容易兴奋，全力加码新技术，或者加大投资，但很有可能挺不到规模化应用或技术普及的时候。“我们经历了上一轮AI带来的挑战和挫折，现在变得更加成熟，面对新技术来临会更加克制，会先判断它对于自己是否有长期投入的价值。”孙雪峰总结道。

孙雪峰也分享了其对创业融资的深刻认知：“融资只能是锦上添花，不要指望它成为公司的救命稻草或发展的核心基因。”对于创业初期如何获得投资，孙雪峰的答案也非常务实：“现在的投资环境已经改变，投资人不会盲目投钱支持创业者‘做梦想’，但这并不意味着没有投资机会，关键是要让投资人看到团队的‘造血能力’，你要证明你能赚钱，投资人自然愿意投资。”尤其是在当前投资环境趋于理性的背景下，创业团队更要立足切实可行的商业模式，只有建立起稳定的造血能力，才能让企业在激烈的市场竞争中立于不败之地。

随着公司发展，小水智能目前已形成四大核心业务板块，展现出清晰的战略布局：

第一大板块是云通信服务。这是公司创立之初就确立的业务方向，主要为华为云、百度云等大型云平台提供短信通信服务能力，支持其App应用的消息传递需求。

第二大板块是蜂窝物联网业务。自2019年开始，公司借助运营商网络，为各类智能设备提供网络连接服务，打造物联网通信基础设施。

第三大板块是AI应用产品。从2017年开始，启动以AI语音和智能客服为切入点、重点服务于中国移动等运营商的客服体系。在这个领域，公司推出了一系列创新产品：“数字名片”将AI智能体引入客服场景；“5G来电秘书”能够智能识别来电意图，支持多人对话交互，并自动过滤骚扰电话；“AI彩铃”则突破了传统明星彩铃的模式，让用户可以上传个人头像，通过大模型生成个性化文案，打造专属数字形象。

此外，公司还在AI换脸、短视频生成等领域持续创新。

第四大板块是AI硬件业务。这是公司从2023年下半年开始布局的新方向，主要包括三类产品。AI儿童腕表：在传统定位通话功能基础上，率先集成DeepSeek大模型，满足家长对儿童安全监护的刚性需求；AI老人手机：针对老年人视觉和使用习惯特点，开发了集成语音交互和大模型技术的功能机，价格亲民（不到100元），无须复杂的App操作；AI玩具：计划在现有技术基础上，开发融合AI能力的智能玩具产品。

通过这四大业务板块的协同发展，小水智能正在构建一个融合通信、AI与硬件的生态系统，主张立足技术创新、深耕产业整合、注重渠道建设的发展模式。

在竞争激烈的刚需赛道上，小水智能的发展经验值得借鉴，孙雪峰将公司两个关键的制胜要素总结为：技术敏锐度和产业链整合能力。

在技术创新方面，他提出“时间差价值”的观点：“对于务实经营的企业来说，最重要的是如何第一时间应用新技术。比别人早用一天、早用一个月，都是价值。”他以公司部署DeepSeek模型为例，在DeepSeek R1模型于2025年1月20日发布后的第三天，小水智能就已经完成部署。

在产业链整合方面，孙雪峰强调了与成熟供应链深度合作的重要性：“不要所有东西都自创。比如做智能手表，那些传统成熟的模组、造型等基础功能，没必要重新研发。”他认为，传统制造企业可能受限于资源瓶颈，难以快速拥抱AI技术，这恰恰给了创新企业整合的机会。

回顾小水智能近十年的创业历程，孙雪峰总结了公司的三个关键决策节点：

第一个关键决策是创业初期的战略定位。要与AI新技术结合，从短消息到物联网，再到AI应用加硬件，尽管过程中交了不少“学费”，但这个方向为公司带来了今天的成果。

第二个关键决策是及时回归商业本质。孙雪峰坦言：“很多创业失败是因为没有办法真正回归商业本质，而是不断自我麻痹或画饼。”他提到公司在2018年前后踩过的坑，还好公司调整时机把握得当，如果稍晚两三个月，团队士气就可能完全垮掉。即便当时已投入巨额成本，公司仍做出了艰难但必要的调整。

第三个关键决策是在最近的AI+硬件战略布局。公司及时把握住了运营商进行AI战略调整的机遇，率先推出了融合AI能力的智能硬件产品。“当其他大厂还在谈论大模型落地时，我们已经能给客户展示demo[①]产品了。”

孙雪峰最后强调，创业的四字箴言是“落地为王”，他说在2025年度战略会议上，公司最后的收尾词正是“落地为王”，这种务实的态度，让小水智能在AI浪潮中找到了自己的位置。

AI+教育创新：破解教学痛点

设计聚焦人工智能研究室，由同筑建筑和博实（黑龙江）人工智能产业发展有限公司共同创办，致力于推动AI技术在设计教育与实际设计中的广泛应用，团队的核心成员均由跨学科专家组成，包括建筑设计师、AI算法工程师等。

该团队通过对100多位高校教师（覆盖本科、专科、职业院校）的问卷调查发现，当前教育领域面临三大核心痛点：

第一，教师负担过重。教师需要投入大量时间处理文案编写、PPT制作、作业批改等基础性工作，难以集中精力提升教学质量。同时，

① demo即“demostration”的缩写，指代示范案例。

快速发展的AI技术也给教师带来了新的学习压力。

第二，个性化教学难以实现。在动辄50人的课堂中，教师难以深入了解每个学生的学习特点和进度。这种“千人一面”的教学模式，与因材施教的教育理念形成了明显矛盾。

第三，教育工具过于分散。当前市面上的AI教育工具种类繁多但相互割裂，教师需要在多个平台间频繁切换，降低了工作效率。

针对这些痛点，设计聚焦人工智能研究室联合创始人万宇馨指出，可以借助AI实现教育产业的智能化升级。

首先，通过AI技术承担评分、成绩录入等重复性工作，让教师从烦琐的基础任务中解放出来，教师只需对AI处理结果进行复核，就能确保教学质量。其次，利用AI分析为每位学生建立个性化学习档案，通过数据分析，帮助教师精准把握学生的学习状况，实现真正的因材施教。最后，整合各类AI工具，打造一体化教学平台，教师可以在同一平台上获取所需的全部AI功能，显著提升工作效率。

通过这样的升级方法，设计聚焦人工智能研究室提供了一套完整的解决方案，包含硬件设施、软件平台、课程体系和技术服务四大核心模块。

在硬件层面，与高校合作建设AI智能实验室，配备专业的AI计算设备；在软件层面，部署智能教学平台，整合多种AI工具，支持教师课程编排和学生个性化学习；在课程体系方面，根据不同专业特点，定制专属课程包（如建筑专业需要专用的图像生成模型，林业专业则需要植被分类模型）；在技术服务方面，为学校提供教师培训和持续的技术支持。

这套解决方案的实际应用效果显著。在教学效率方面，教师的作业批改时间可减少约80%。在学情分析方面，系统能够精确到每个学生的学习情况，为教师提供详实的数据支持。

以设计专业的课程改革为例，AI技术的引入遵循明确的改革逻辑：大一阶段，以AI基础知识普及为主，让学生了解AI工具的基本应用；大二阶段，开始将AI应用于设计课程，帮助学生更直观地理解设计概念；大三阶段，学生可以直接使用AI平台完成设计作业；大四阶段，着重培养学生运用AI制作作品集的能力，为就业做准备。

这种渐进式的课程改革既保持了传统课程体系的优势，又充分发挥了AI技术的特长，最终目标是提升学生的就业竞争力——整个改革过程始终围绕就业导向展开，确保教学内容与社会需求紧密对接。

商业模式方面，由于不同院校的需求不同，设计聚焦人工智能研究室的商业模式也很灵活：一是基于学校规模的年费制，根据专业数量和学生人数确定基础服务费用，如有特殊需求则另加定制模块费用；二是针对新开设专业的专项收费模式，可选择按学生人数或按专业收费。

尽管AI对各行各业都已产生深远影响，但也不要盲目崇拜或过度恐慌，设计聚焦人工智能研究室联合创始人刘璐分析，AI教育领域目前存在三大认知误区。

“AI全能论”误区：部分用户认为AI能完全替代传统工作，期待一键生成所有内容。实际上，AI更适合作为辅助工具，需要教师和学生主导使用过程。

“过度炒作”误区：市场上存在过度夸大AI能力的现象，引发教师对岗位安全的担忧，导致抵触情绪。需要理性看待AI的作用，避免制造恐慌。

“一刀切”误区：忽视不同学科的特殊需求，试图用统一解决方案满足所有专业。实际上需要根据各学科特点进行定制化开发。

也因此，对于AI教育领域的新入局者，刘璐提出了三项建议。

避免过度营销：不要宣传“完全替代教师”等容易引起抵触的概念，应强调AI的辅助作用。

深入一线调研：要实地了解教师和学生的实际需求，避免凭主观臆断开发产品。

聚焦应用落地：对于初创公司，建议利用现有开源技术，将重点放在应用场景开发上，而非投入大量资源进行基础技术研发。帮助用户掌握现有工具的使用，比开发更复杂的新系统更有价值。

针对市面上五花八门的AI教育应用，刘璐认为，其呈现出明显的“两极分化”特征。

一方面，在智能教学平台、课件制作和基础测评等领域，技术已经相当成熟，教师可以轻松使用AI工具编制试题、批改作业、生成教学报告，大大提高了教学效率。

另一方面，在一些高阶应用场景中，AI技术仍面临诸多挑战。比如，在心理辅导等需要情感交互的场景中，AI的表现仍显生硬；在跨学科应用中，特别是涉及数学公式识别和多语言处理时，AI的表现也不尽如人意。这些领域的技术突破，可能还需要一段时间的积累。

从整体来看，刘璐认为AI教育应用仍处于早期阶段。大众对AI工具的认知和应用仍较为肤浅，实际使用主要集中在少数群体中。同时，城乡之间的数字鸿沟也给AI教育资源的均衡分配带来了挑战。

尽管如此，AI技术在教育领域的发展前景仍然值得期待。虽然短期内难以完全消除教育差距，但通过提供更多低成本的优质教育资源，AI必将提升教育的整体水平，这一进程很像互联网普及时期带来的知识获取革命。

面向未来，设计聚焦人工智能研究室预测未来3年至5年的AI教育，将呈现出四种发展趋势。

个性化学习深化：AI将基于学生个人认知风格提供实时教学调整，每位学生都将拥有专属AI助手，进行学习分析和发展预测。

虚实融合创新：AR/VR技术与AI的结合将创造沉浸式课堂体验，如通过虚拟技术重现已灭绝生物，建设虚拟教研室等。

教师角色转型：从传统的知识传授者转变为学习引导者，更注重方向把控和能力培养。

教育资源均衡：AI技术有望缩小教育资源差距，打破专业间壁垒，增加职业选择的灵活性。

目前来看，AI教育的深度发展离不开政策引导、行业开放和社会协同，只有多方共同努力，才能真正实现技术赋能教育的美好愿景：政策层面需要加强顶层设计，推动资源均衡；学校层面要注重教师培训，建立应用标准；技术层面则要持续完善核心功能，优化用户体验；同时还要建立科学的效果评估体系，确保技术应用的质量。

第二节　生存竞赛：从技术Demo到PMF验证

一、PMF的螺旋上升路径

实践是检验真理的唯一标准。现代管理学之父彼得·德鲁克曾在他的著作《德鲁克论管理》中说：“最徒劳的莫过于高效地做完全没必要做的事。”换句话说，创新不能闭门造车，而需要深深扎根市场。硅谷连续创业者、风险投资人马克·安德森曾在他的博客中提出了PMF

理念，他认为“PMF是创业早期唯一重要的事情”。

具体来说，PMF（Product Market Fit）是指产品与市场的契合度，创业公司的产品要满足市场的需求，让客户或用户满意，这是创业成功的关键一步，也是公司创业初期的必经之路。PMF概念一经提出，就引起了许多业内人士的共鸣，包括“创业教父”史蒂夫·布兰克、《增长黑客》作者肖恩·埃利斯等人，都在PMF概念的基础上进行了延展和重新定义。

要实现PMF的路径有很多，通常大家会考虑三条关键路径。

商业模式探索：找到合适的商业化路径，如订阅制、按使用付费、企业定制、广告模式等。

市场反馈的获取与迭代：建立有效的用户反馈机制，利用真实用户数据优化产品。

规模化增长策略：当PMF达到初步验证后，快速扩展用户规模并提升市场渗透率。

也有其他一些观点把实现PMF的路径归结为一些核心因素或者重要节点，比较有名的有两个思考维度：定位理论和MVP（最小化可行性产品测试）。

二、定位理论：产品或服务的不可或缺性

“定位理论”是一种市场营销策略，由艾·里斯与杰克·特劳特于20世纪70年代提出，该理论强调，企业在顾客心智中确立独特地位的重要性，通过专注于特定的产品特性或类别，使品牌在消费者心目中占据不可替代的位置。

延伸来看，企业应当：

清晰：选择一个明确的市场细分或品类，确保具备明显的差异化优势。

简化：向客户传达简明扼要的价值主张，以便更容易记住和理解。

深耕：扎根一个市场，发展长期主义。

其中在寻找市场切口的过程中，企业需要具备“显微镜与望远镜的双重视野”，在这方面，Perplexity公司的破局策略堪称经典。Perplexity创始人兼CEO埃拉文德·斯里尼瓦斯曾在接受知名播客莱克斯·弗里德曼专访时分享了他的产品逻辑，其中就呈现了非常典型的“定位理论”案例，访谈过程中，埃拉文德·斯里尼瓦斯解释了为什么Perplexity的终极目标不是颠覆谷歌，而是基于人类对于知识追求的本质思考，他认为互联网的未来将更多关注知识的获取、传播、再生产，而不仅仅是搜索答案。

这也是为什么Perplexity会在搜索栏上写着“Where knowledge begins”（知识永无止境）这句话。这句话源自著名物理学家、量子计算领域先驱戴维·多伊奇的著作《无穷的开始》里提出的核心理念——人们总是不断追求新知识。

三、MVP：快速验证想法的利器

MVP，全称为Minimum Viable Product，即最小可行产品，这个概念是由埃里克·莱斯在《精益创业》中提出，旨在用低成本快速开发出产品，快速推向市场。一方面，产品快速推向市场能获得第一批种子用户，可以验证产品想法在用户价值和商业价值上是否成立；另一方面，可以把试错成本拉低，除了及时止损，后续还能帮助创业者及时调整产品方向，基于市场或用户反馈进行产品的持续迭代。

在AI创业领域，MVP策略尤为重要。由于AI技术发展迅速，市场需求也在不断变化，采用MVP方式可以帮助创业团队快速验证产品假设，及时调整发展方向。以下案例将展示一家企业如何通过MVP策略在企业培训领域实现突破性发展。

四、案例分析：AI初创公司如何成功找到PMF

本部分将通过群核科技（酷家乐）的案例，深入分析AI初创企业如何在从0到1的阶段实现PMF，该案例展示了如何通过准确定位用户痛点、迭代产品功能、拓展市场边界，最终实现商业模式的成功突破。

群核科技的发展历程完美诠释了AI创业中“小切口突破、持续迭代、场景延伸”的成功路径。

酷家乐背后的整体品牌群核科技，历经10余年迅猛增长，在一级市场广受资本青睐，成为垂直领域估值最高（超20亿美元）的独角兽企业。现如今，群核科技在全球雇佣2000多名员工，服务覆盖200多个国家和地区，平台总注册用户超5100万，合作品牌企业近4万家。

群核科技（酷家乐）联合创始人兼董事长黄晓煌在2011年筹备创业时，国内正值“百团大战”，资本一片泡沫，年底他回国却已是资本寒冬，整个融资过程处处碰壁。但创业开弓没有回头箭，考虑到活下去是要紧事，黄晓煌和另外两位创始人自掏腰包，凑齐了启动资金，开始了撒网式接项目的创业。所以最短路径，也是别无选择的产物。

“家居行业的痛点是很多的。”黄晓煌提道，传统家装设计“两不靠”：首先对于消费者而言，流程是先付定金，而且费用不低，设计师再出效果图，否则设计师只会和你口头聊聊，且时间动辄一周，无法所见即所得，一切纯靠信任；其次对于设计师而言，每天需要接待不同的业主客户，所以需要快速学习、快速设计、快速服务消费者，这无疑就要求极高的效率。

最终，黄晓煌等人开发了一个室内的3D渲染引擎，将原来以“天”为单位的出图周期缩短到“10秒”——这正是酷家乐的雏形，它是一款云原生设计软件，可以让用户快速生成效果图，并通过3D模式输出可视化，从而呈现完整的室内设计装修效果。它同时被赋予了一个务实的使命：让未来生活所见即所得。

本质上，酷家乐的模式改变了设计师与消费者之间沟通的方式。酷家乐出现之前，极少设计师愿意在消费者付费之前提供设计服务；酷家乐出现之后，设计师可以和消费者边沟通边设计。“原先这个行业投诉盛行，而现在客户满意度大幅提升，这是一个颠覆性的变化。”

得益于旗舰产品的开天辟地之功，群核科技也步入了快速发展的几年，而梳理可见，这也是一家创业公司趁势而上的成长过程：

2013年至2017年，因为独特的产品优势，酷家乐在市场上站稳了脚跟，设计环节极大地被数字化提效；2017年至2019年，酷家乐的触角开始从设计延伸到后端的生产、施工等更多环节，让前端的设计数据流向制造环节，打破各个软件间的“数据孤岛”；2019年，提出“从家居到全空间、从设计到全链路、从工具到全生态、从中国到全世界”四大战略方向，开始走向横向扩张。

时间走到2022年，群核科技在实践中发现，目前AIGC的最大瓶颈是“对于结果的可控性”——“市面上一些AIGC应用的创造很快，但结果却偏向随机，人类要想对它的结果进行干预，就变得非常困难，它会从一个随机结果产生另一个随机结果，你能做的只是再来一个、再来一个，跟掷骰子似的，或许一张图只有一点细节你不满意，但你却没有任何工具去改到满意为止。”

群核科技积极研究如何让不可控的AIGC变为可控，也直接助推了酷家乐的进化。尽管酷家乐是群核科技的初代产品，但如果把时间线拉得足够长，不难发现，它更是一个承载创新的飞轮，不错过任何一波技术浪潮，包括当下的AIGC。

2023年6月，生成式AI应用“酷家乐AI”问世，基于自研AI模型，从拍照生图、换风格生图、定制化风格生图，并结合全屋定制、门窗、家具建材等垂直行业应用场景和企业专属风格定制，让生成式AI赋能新的工作模式。概述而言，它的应用场景大致分为三类：面向“业主”的无限灵感图生成；面向“设计师”精准可控的AI创意设计；面向“品牌门店导购员”的AI换搭选品。

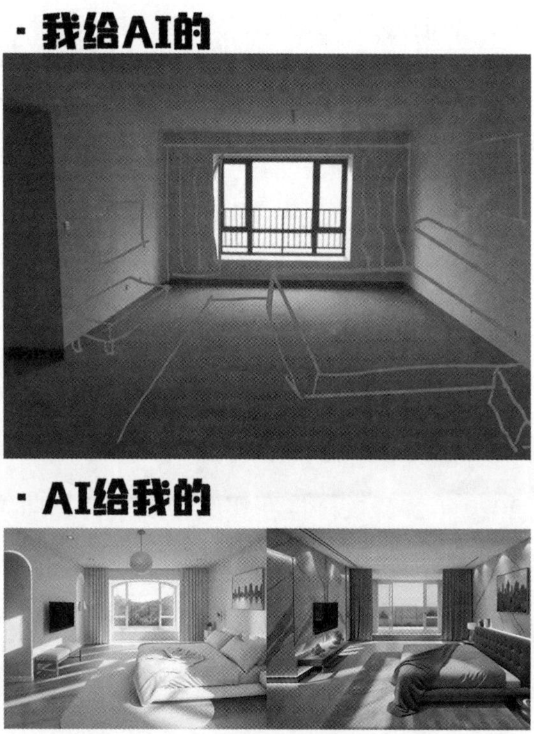

图2 “酷家乐AI”生成的房屋设计方案

譬如，上传一张图，选择一些特定描述词：大理石、柔和的灯光、懒人沙发、侘寂风、客厅，它就会自动生成装修效果图，你还可以对效果图以手动擦除的方式进行局部修改，调整“家具替换、背景替换、背景扩展”。“这个过程好像在玩换装小游戏。”一位体验过的用户说。

酷家乐AI背后是群核科技自研的AI模型能力，该模型来自群核科技AIGC实验室，该实验室于2024年2月成立，着力于研究“空间AIGC”的场景应用，实现一种“算法模型即服务”（Model as a Service，MaaS）的模式，将算法模型作为一种服务开放出去，让更多人可以基于群核科技提供的框架，只需简单开发，即可获取满足自己个性化场景需求的AI能力。

以酷家乐AI的“智能打光功能”为例。一个小小的AI智能打光功能，背后是一个庞大的“AI自动生成三维光照”项目科研成果。该系统能够从大规模三维场景数据集中，学习到灯光设计的原则，可以根据房间布局、色调和风格，自动生成高质量的灯光设计结果。

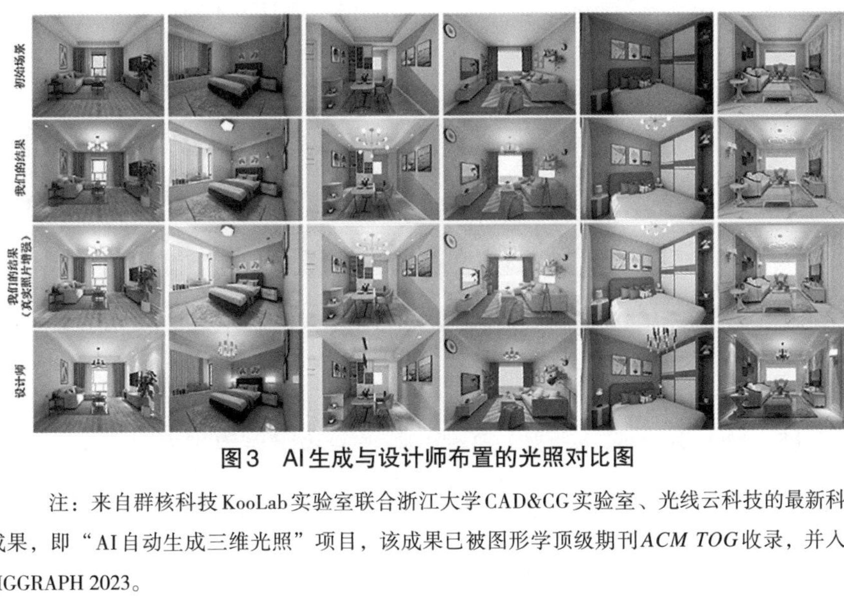

图3　AI生成与设计师布置的光照对比图

注：来自群核科技KooLab实验室联合浙江大学CAD&CG实验室、光线云科技的最新科研成果，即“AI自动生成三维光照”项目，该成果已被图形学顶级期刊*ACM TOG*收录，并入选SIGGRAPH 2023。

“要让AI产生一个好看的灯光是容易的，但是要对一个好看的灯光产品进行调整就很难，要控制AI生成出来的灯光，而不是让它完全自由发挥。”黄晓煌指出。

现如今，群核科技已经把AI渗透到各个产品中，比如，把手绘的户型图识别成三维数据，把CAD识别成三维结构，用AI生成室内设计图、海报、PPT等。

作为一家技术型创业公司，同时也是典型的产品驱动增长型公司，群核科技定位为3D云设计软件平台，目前已运营了五个产品线之多，包括：酷家乐（3D云室内设计软件平台）、COOHOM（酷家乐国际版）、模袋云（群核科技2020年收购的一款建筑地产设计资产管理及三维数据可视化平台）、美间（群核科技2021年收购的室内设计师2D设计软件）和酷空间（面向公装、商装领域打造的3D云设计平台），形成了产品矩阵。

群核科技的所有业务都是围绕“渲染、仿真、AI”三大重点展开，秉承“让未来生活所见即所得”的使命，赋能产业数字化升级。甚至在群核科技内部，对于新产品的孵化，还长期运行着一套极其严苛的规划过程：

第一阶段是“产品立项阶段”。先组5～10人小团队，做出产品Demo，这起码得有10倍的用户体验提升，才是一个合格的值得立项的产品。立项之后，再推到市场去做市场验证，即寻找部分用户或企业主使用，看能否用得起来，如果能够证明产品是有需求的，方向是正确的，公司就会继续投入。

第二阶段是“商业化验证阶段”。当这些用户用起来之后，要确保产品商业化的投入能够覆盖获客成本。这是因为，当产品体验达不到一定程度时，获客成本会非常高，且客户付费金额会很小，最终无法规模化，那么产品就无法过这一关。

第三阶段是“规模化发展阶段”。团队需要用商业收入去支持研发、商务、市场等费用，确保营收规模达到1000万元~1亿元。按照以往的经验，在这一阶段，团队可能会接到很多企业项目，看似商务运作得很好，营收也很可观，但最终算上研发成本和维护成本，这个项目有可能完全无法持续，实则是定制化项目。所以在第三阶段，主要是让产品尽可能标准化，让它从研发到产品到市场到销售，是能够自循环的一个体系。

第四阶段是“成熟阶段”。要给公司创造利润，会有利润的考核。

黄晓煌总结说：“整个规划过程有太多不确定因素，这对于产品负责人的能力和耐力都是考验，如果产品负责人足够有韧性，公司也会长期支持他，但肯定会控制投入成本。主意的成功需要技术、市场、团队、竞争、政策环境等都满足条件，所以失败是必然、成功是偶然，如果产品无法PMF，这件事情可能就结束了。”

第三节　AI创业团队建设的“二三事”

一、团队需要认知协同与能力互补

创业从来都不是一个人的游戏，团队是贯穿整个创业生命周期的，尤其是在AI创业中，AI产品的复杂性决定了任何单打独斗的尝试都难以为继，只有将顶尖人才汇聚成团队，才能在竞争激烈的市场中占据一席之地。

AI技术本身就是跨学科的集合体，涉及计算机科学、数学、神经科学、心理学等多个领域，任何单一个体都难以完全掌握这些领域的所有知识。通过团队协作，不同领域专家的认知盈余得以整合，从而突破个体认知的局限。

AI创业团队的建设不应该仅仅着眼于堆砌人才，而是要致力于建立一个能够充分激活和连接各类认知盈余的生态系统。这包括：构建多元化的知识结构，确保团队在技术、产品、市场等维度都有深度洞察；设计高效的协作机制，让不同背景的团队成员能够快速对接、共创价值；营造开放的创新文化，鼓励跨界思考和知识共享。

二、创业公司早期常见的三大致命问题

北京海高创新科技服务有限公司副总经理李红立结合多年投资经验，深入分析了初创企业容易踩的"坑"："每个成功的创业项目可能都相似，但失败的项目却各有各的原因。"总结而言，以下是最常见的三大问题。

一是团队建设不当。团队质量是早期创业最核心的要素，甚至比技术更重要，许多创始人在团队建设上存在三个问题：缺乏管理能力，不知如何搭建团队；对合伙人选择缺乏准确判断；表面上配备齐全（技术、营销、运营），但团队成员能力普遍不足。

李红立举例指出，成功的创业项目通常需要一个强有力的核心人物以及围绕核心人物的优秀团队，即使团队技术过硬，如果在其他方面（如营销、运营）较弱，项目也难以成功。

二是内部管理失控。很多创业团队过度关注业务拓展，忽视了内部管理，具体表现在三个方面：全员重心过度倾斜在研发和客户开拓；忽视生产运营、财务管理、人力资源等基础工作；对公司运营状况缺乏清晰认知。

三是融资策略不当。“在融资环节，一些创业项目会因追求过高估值而陷入困境，有些项目第一轮就追求5亿元以上的估值，但当市场环境转差，新一轮融资可能连3亿元估值都难以达到，那么项目很容易因资金链断裂而失败。”

李红立提道，创业失败往往不是单一因素造成的，而是多个问题叠加的结果，创业者需要在关注技术创新的同时，平衡好团队建设、内部管理和融资节奏这些关键要素。

三、那些CEO的“过来人经验”

关于搭建团队与吸纳人才，或许并没有一个万全之法，但我们依然可以从创业者们的经验之谈中了解一二（以下排名不分先后）。

碳硅智慧CEO邓亚峰

如何管理跨学科、跨部门、跨领域的人才？有两个方面：

其一，要让大家协同共进，就是要追求所谓的“超级对齐”。从战略到产品，一定要让大家有共同目标，目标就是匹配市场需求。

比如在碳硅智慧团队中，算法部门的人和药物研究部门的人，出发点肯定有区别，但如果反向推理，为了把某一个分子做出来，就要让做计算的人服务于做药物研究的人，让做AI模型的人服务于做计算的人，环环相扣。

其二，尽可能平衡技术研发和商业市场，这就对应到“内部需求”和“外部需求”。

在内部需求上，并非一味追求“前无古人的”技术新颖度，而是要在关键时刻学会断舍离。比如内部需求是做更多的模型以实现分子生成，但最后并非每个模型都有用，这时候就要取舍，舍掉对用户没有价值的模型进行重新改造。

得翼通信创始人兼CEO王子明

作为初创公司，我们不光要求他技术好，同时我们还认为人要有“反骨”，其实这个词也可以是勇气，但“勇气”描述不够全面。

所谓“反骨”，就是要有一种对抛弃传统方式的信念。很多工程师很资深，但是缺乏创新精神，会觉得世界既然是这个样子，那么就永远都是这样子。巨头不做的事情，那一定是错的。如果巨头想做什么事，那么一秒钟就能做成。这是个错误的逻辑，但听起来很闭环。

在创业公司，我们追求人才的密度，不追求流程的正确。我们认为，是工程师这个人最终把事情做出来的，而不是流程这件事情把事情做出来的。因此，与其关注流程管理，不如找到最优秀的工程师。

我们公司每天都有早会，去同步所面临的问题，解决了哪些问题，所有人一起商量，拉齐每个人的信息量，剩下就是工程师自己来管理很多事情，而不是靠管理流程和体系，我们发现这样的效率是非常高的，你把责任给到每一个人，他就把他的主人翁精神还给你。

Magic Data创始人兼CEO张晴晴

做成一家创业公司，最重要的就两点，学习力和复盘力，这是对于创始人和创始团队都特别重要的能力。然后第三点不是我们可以完全掌控的，就是“看天吃饭”。

复盘能力对于很多人都是极大冲突的，首先你得先否定自己，然后再去调整成一个好状态，自己否定自己可能绝大多数人就做不到。但如果能做到的话，不管是创业者，还是非创业者，他的上升速度都会非常快。

关于女性创业者投身于AI创业浪潮中，我觉得无论是女性还是男性，都存在一个突破自己的艰巨过程。

女性早期可能会不自信，比如自己认为是这样的，还会习惯性去问别人“是这样吗”。另外女性存在一些天然色彩，比如习惯减少冲突，或是要让周围人感觉舒适等，这里有好的方面，就看怎么去用它。在创业这件事上，有时候反倒需要“独裁”，独裁这个词不好听，但也代表着对于自己所要干的事情更加笃定。你敢于去做决策，并且坚定不移朝着这个方向走下去。

男性要突破的，就是承认自己曾经错过而重新再来的过程。所以，创业对男性女性都不容易，不过新时代有个词叫作“女性经济”，对于女性创业或女性出现在商界，大家的包容度好像真的变高很多了。

澜码科技创始人兼CEO周健

我越来越觉得，去考核一个CEO看两方面：

其一，认知是一个最大的障碍或瓶颈，所以创业者一定要有快速学习的能力。其二，心态也很重要。

这里有三个阶段，第一个阶段是缺知识，你要补知识；第二个阶段是方法论，你知道怎么学习（这两个阶段基本上能创业的CEO肯定都经历过了）；第三个阶段也是很难的，就是把自己的认知，不断地去审视，把错误的假设，不断地修整掉，本质上这要保持一种“空桶心态”。

怎么跟自己和解，是心态上的第一步。第二步则是要更积极地发现自己假设错误的地方并修正，特别是在今天的新摩尔定律时代，大模型相关的创业领域变化太快。

我开玩笑说，知识或观点的半衰期可能只有一个月，我沉淀出来的假设可能很快就会被修正，但是反过来看也正是因为如此，创业公司才能跑得快，才能跟大厂巨头在同一起跑线上。

作为CEO，上面提及的这两件事情，是很本质的问题，如果不解决，就会成为瓶颈。

每刻深思CEO邹天琦

创业一路走来，回过头看有“五个早知道”：第一，不合适的同事，要尽快结束合作，对双方都好；第二，招人和找人，要着重看对方的动力和持续学习能力；第三，合作推进一开始就顺利得出奇的人，要“把丑话说在前头”；第四，融资要准备好再开始，不用盲目见投资人；第五，要多留思考的时间。

还有三个是决定创业之前要“更早知道”：第一，练好身体；第二，好的联合创始人很重要，需要“互补且互信”，能力、经历、背景不同但目标、愿景、价值观一致当然最理想，因为大部分联合创始人朋友圈趋同，很难找到前者完全不同互补的，但后者一致很重要；第三，“钱”—“人”—“产品”是不断迭代的，所以要先“搞钱”，不要幻想“没钱”就有“人”和“产品”。

银河威尔创始人兼CEO胡珩

创业之后更重要的是三个能力：第一，认知能力，这是第一要害；第二，组织管理能力；第三，社会资源整合能力。

第四节　AI创业生态融合：从单打独斗，到群体突破

一、生态资源整合：创业旅途中的三大支柱

AI时代，单一企业依靠自身资源实现快速发展的可能性日渐式微，生态融合已然成为AI创业成功的关键要素，协同发展、优势互补成为

新范式。在推进AI创业的进程中，生态资源的有效整合涉及以下三个核心层面。

打造全链路协同创新

在AI基础设施日益复杂的今天，构建完整的产业生态合作体系变得尤为重要。AI创业公司需要与产业链上中下游的合作伙伴建立紧密联系，实现优势互补与资源共享。

在上游基础设施层面，与云计算平台、芯片供应商、数据服务商的合作可以帮助创业公司降低技术成本，提升基础设施效能。目前主流云平台也在积极拥抱AI创业公司，如微软投资OpenAI、谷歌云投资Anthropic、AWS（亚马逊云科技）与Hugging Face扩大合作等，这些合作无一不在说明基础设施支持的重要性。

在中游技术层面，与算法提供商、开发工具商、安全服务商的合作能够帮助创业公司快速获取关键技术能力，缩短产品开发周期。这包括预训练模型、开发框架、数据标注、安全审计等多个技术环节的协同。

在下游应用层面，与行业解决方案提供商、系统集成商、渠道服务商的合作则可以帮助创业公司更快地将技术转化为实际应用，打通市场渠道。特别是在垂直行业场景中，了解行业痛点的解决方案提供商能够帮助AI创业公司更好地对接终端客户需求。

这种全链路的生态合作不仅能够帮助AI创业公司降低创新成本、加快市场渗透，更重要的是能够形成协同创新的良性循环，推动整个AI产业的健康发展。

投融资策略

对AI创业公司而言，早期融资要特别注重战略投资人的产业资源，而不是简单追求估值；同时，要合理规划融资节奏，确保在关键技术突破时点有充足资金支持；此外，要善用政府扶持政策，如科技创新券、研发补贴等，也是重要的资金来源。

“从投资人的角度看，现在大家出手比较谨慎，”北京海高创新科技服务有限公司副总经理李红立直言当前AI市场现状，“这种谨慎源于两个方面：一是投资机构自身募资难度加大，手里面子弹也没那么多了；二是对项目的筛选更为严格，原来可能是百里挑一，现在恨不得千里挑一。”

以HICOOL全球创业者峰会暨创业大赛为例，在每年筛选创业项目的过程中，组委会已经形成了一套严格且独特的评估体系。全程参与负责该创业大赛至今五年的李红立看过太多创业项目，他分享组委会的评审体系特别强调创业的以下四大核心维度。

团队实力：投资人不仅关注团队整体配置的合理性，更聚焦核心成员的背景履历与职责分工，创始人团队的教育背景、行业经验、技术专长等个人素质，以及成员间的能力互补性，都是重点考察指标。

创新价值：作为评估体系的核心指标，创新性维度细分为技术创新与模式创新两大方向，评审专家着重考察项目是否具备突破性技术（如解决“卡脖子”难题）、是否开创全新产品品类或在现有产品基础上实现显著迭代升级，项目需证明其技术领先性、专利壁垒及差异化竞争优势。

市场潜力：可以通过三个层面评估市场前景：行业赛道是否处于上升周期、目标市场的需求刚性程度、竞争格局的优劣态势。通常投资人会重点关注项目是否切入蓝海市场，是否满足未被充分满足的刚性需求以及进入时机的合理性。而对于红海市场项目，需证明其独特的破局能力。

商业模式：该维度评估企业实现商业价值的路径设计，包括盈利模式创新性、资源整合策略及营销体系构建。以生物医药领域为例，评审会对比分析长周期新药研发与“研发服务+阶段性产品”等不同模式的可行性，重点考察商业策略与团队特质的匹配度。

在投资偏好上，市场也呈现出明显的倾斜。对于传统领域，特别是研发周期长的医药行业，投资人趋于保守，投资人更追求确定性的东西。“不过在人工智能、机器人这样的热点领域，投资策略则相对宽松。这些行业到了该爆发的节点，投资的宽度可能就会更大一些，”李红立特别提到人形机器人领域——“现在国家政策支持，行业代表性企业也在布局，感觉未来5年到10年人形机器人可能就变得跟手机一样，成为每家每户都拥有的产品。”这种前景让投资人愿意在这些领域做更多布局。

AI创业加速器与孵化平台：助力初创公司获得技术、市场、资本支持

在创业生态中，加速器平台或孵化器起着至关重要的桥梁作用。HICOOL现身说法，分享了其在帮助创业企业成长过程中的具体实践经验，展现了专业孵化平台如何通过多维度赋能，助力创业企业快速成长。

“产业定位是政府的一个考量因素。比如北京市，每个区都有自己的产业定位，”李红立举例说，“这种产业布局考虑源于产业集群效应：企业都喜欢扎堆，得有一个产业环境。”这种产业集群策略的背后逻辑是“滚雪球效应”，当某个区域在特定产业形成初步集聚后，就能吸引

更多相关企业入驻，形成良性循环。

对创业者而言，这意味着在选择落地区域时，除了考虑租金、补贴等直接因素外，还要充分评估目标区域的产业定位和配套环境，准确把握政策导向，选择最适合的落地区域，将企业发展与区域产业布局有机结合，将是项目成功的重要因素之一。

李红立分享了一个新材料项目的成功落地案例。那是一个来自清华大学教授的技术转化项目，专注于太空和电子产品用的低温焊接材料。“我们在HICOOL全球创业大赛时就发现这个项目很有潜力，通过积极跟进，不仅为项目提供了自有基金的投资支持，还促成了项目在顺义区落地。这是一个多方共赢的关系，”李红立强调，“对优质项目的发掘和培育是一个系统工程，从项目进入筛选系统开始，就要进行持续跟踪和扶持，这种深度参与不仅帮助创业企业对接到所需资源，也为区域经济发展带来了新动能。”

二、AI创业的资源分配之道：研发、市场与融资的平衡艺术

在创业孵化领域，如何帮助创业者更好地分配有限资源，是一个永恒的话题，李红立分享了他的观察与思考。

关于创业初期的资源分配，通常覆盖三个核心层面：技术研发、市场开拓和融资。李红立认为，“研发是主要的支出项，市场开拓既需要投入也可能带来收入，而融资则是重要的资金来源。底线就是要先活下来。”李红立强调，“哪怕研发慢一点，也要确保企业生存。”他不建议创业者把所有资金都投入研发，“你很可能定了一个比较高的研发目标，钱都花完了，产品还没做出来，这就比较难了”。

在资源分配策略上，李红立的观点是“研发市场同步推进”，因

为研发和市场开拓是密不可分的，“很多时候在研发过程中就已经在做市场开拓了，比如研发时找一些客户合作，搞一些实验项目，其实就已经在与潜在客户合作了”。这种同步推进的方式有三个明显优势：首先，可以及早获得市场反馈，验证研发方向；其次，能够在研发过程中就建立客户关系；最后，有助于优化资源使用效率。

李红立建议创业者采取“先易后难”的策略：“尽快形成一定的产品能够上市，哪怕是基础性的产品，先推到市场上，这样既是在推进研发，又能尽早接触市场，获得反馈。”他特别提醒创业者避免“闭门造车”，不要前期只顾研发，跟市场没有任何互动。这种平衡研发与市场的思维方式，实际上反映了创业过程中一个重要的原则：技术创新必须与市场需求紧密结合。创业者需要在有限资源约束下，找到一个既能保证技术进步，又能确保市场验证的最佳路径。

正如李红立所强调的，由于每个项目的特点不同，可能没有固定的资源分配比例，但确保企业生存、保持与市场的持续互动，这样的原则是放之四海而皆准的。这种务实的创业思维，或许正是早期创业者最需要掌握的智慧。

三、全球化市场拓展：AI产品的跨境破局之术

在AI技术日益成熟的背景下，全球化市场拓展既是机遇也是挑战。AI企业需要构建系统化的国际化战略框架，实现全球市场的有序开拓。

全球化战略布局：国际化战略的制定需要准确把握全球AI市场格局。

在市场机会方面，比如，北美市场技术领先但竞争激烈，欧洲市

场注重合规且进入门槛较高，东南亚市场增长迅速且接受度高。AI创业企业需要基于自身产品特点，选择最具突破可能的目标市场。

在市场选择方面，需要权衡多个维度：其一，市场成熟度，即目标地区对AI技术的接受程度和应用深度；其二，竞争格局，需评估现有竞争对手的市场份额和竞争策略；其三，政策环境，包括当地政府对AI技术的支持政策和监管要求；其四，基础设施条件，涵盖数字基础设施、人才储备等支撑要素。

在市场进入策略上，建议采用“试点—扩张—深耕”的渐进式方案。首先选择1~2个具有代表性的市场进行试点，在积累经验后逐步向周边市场扩张，最终实现区域性布局。这种策略既能有效控制风险，又可快速积累国际化经验。

本地化体系构建：海外市场落地情况不一，需要系统化解决方案。

对于出海企业来说，大家都有个共识——Any marketing is Local marketing（任何市场营销都是本地化营销），当地的法律法规、市场的竞争、行业的发展趋势、定位人群的画像、渠道的情况等，这里的每一项工作，都是一座大山一样的考验。

在法律合规方面，各国对AI技术的监管框架差异显著。比如，欧盟的《通用数据保护条例》（GDPR）对AI系统的数据处理提出严格要求。企业需要建立专门的合规团队，确保产品符合不同市场的法律要求。

在本地化运营方面，不同市场的文化差异会直接影响AI产品的用户体验，企业需要在以下方面进行本地化调整。

语言本地化：不仅是界面翻译，还包括AI模型的语言理解能力。

交互习惯适配：根据当地用户习惯调整产品交互方式。

场景化应用：针对本地特色场景开发定制化功能。

运营本土化：建立本地化运营团队，实现深度市场渗透，可从三个维度入手：其一，通过招募本地人才深入理解市场环境和用户需求；其二，建立本地决策机制，提高市场响应速度；其三，制定本地化营销策略，结合当地文化特色开展品牌推广。

以游戏产业为例。莉莉丝游戏《剑与远征：启程》制作人何江源指出，游戏出海存在两个根本性的挑战：一个是众口难调，另一个是长线运营。

首先很现实的问题是，不同国家或地区的玩家，游戏画风、游戏习惯甚至时区都不一样。这在何江源看来，其实并没有万全之策，只能逐一应对。比如，《剑与远征：启程》在最早的画风测试中，尽管很难找到所有区域玩家都喜欢的画风，但至少可以找到一些主流市场青睐且其他地区不会排斥的画风；同时，在游戏设计上尽量找到大家的共性，多多避雷。

"其次，如何长线运营也是重中之重。《剑与远征：启程》一直在尝试卡牌游戏的赛季制，试图通过更新更好的框架，使游戏长线运营，更好地服务玩家。"何江源随后分享了赛季制框架的研发心得："赛季制的确解决了我们制作一代产品时发现的很多问题（比如玩家无限养成和玩家差距不可追回的问题）。赛季制最终要给玩家一个新鲜的体验，但是需要把握一个平衡，如果新鲜感不足，玩家就感知不明显；如果新鲜感太强，玩家已经熟悉的游戏玩法就完全被颠覆了，所以需要拿捏好尺度。"

以消费品为例。一家2021年成立于深圳的DTC品牌（国际化五金品牌）ICOICE，目前主打欧美市场，ICOICE创始人、ICOICE母公司大逐创新CEO林军峰提道，欧美消费者跟中国消费者有很大的审美区别，比如其更追求个性化、靓丽时尚的妆容，且55%的海外消费者非常关注环保理念，追求企业品牌是否有环保可持续的愿景。

基于此，ICOICE在包装、材料和宣传上，一定是紧贴环保、时尚、可持续的产品理念。比如，在产品材料上，美瞳产品都采用了全球FSE认证材质；在包装材料上，快递袋都是采用100%玉米烘焙而成的全降解材料，用户收到快递之后，哪怕把快递袋埋进土里，它在180天之后就可以降解为水和二氧化碳；在设计理念上，整个包装设计都是采用东方艺术和自然元素相结合的风格，传递出一种自然、极简、优雅的生活态度。“尽管成本投入比同行高十倍，但正是因为我们贴合海外市场需求的产品理念，我们的美瞳产品复购率达到35%以上。”林军峰说。

在合作伙伴生态方面，构建本地化合作网络有利于快速打开局面，包括技术合作伙伴协助产品本地化开发，渠道合作伙伴负责市场推广和销售网络建设，服务合作伙伴提供本地化的客户服务和运维支持。

在全球化进程中，AI企业需要建立起完整的海外市场拓展体系，在确保合规的基础上，通过本地化运营策略实现市场深耕。同时，要保持战略定力，既要把握市场机遇，又要控制展业风险，实现可持续的国际化发展。

特别需要注意的是，全球化并非简单的产品输出，而是要实现技术、产品、服务的全方位本土化。只有真正理解并适应当地市场需求，才能在国际竞争中占据优势地位。这需要企业投入大量资源，建立长期发展的战略眼光，循序渐进地推进国际化进程。

总结与展望

本章系统性地探讨了AI创业的四个核心阶段，从如何选择创业赛道、如何打造PMF的产品、如何建设高效团队，到如何利用生态资源实现加速发展。AI创业不仅是技术创新的过程，更是商业模式、市场策略、团队管理和生态整合的多维挑战。

当前，AI领域正在经历一场深刻的变革。随着大模型技术的突破和应用场景的不断拓展，AI创业呈现出新的发展趋势。

第一，技术门槛不断提升。随着AI技术的日益成熟，单纯依靠技术堆积已难以形成竞争优势。创业企业需要在技术创新与商业应用之间找到平衡点，将先进技术转化为实际的商业价值。特别是在垂直领域，深度技术与行业知识的结合将成为制胜关键。

第二，商业模式向价值创造转型。从早期的技术驱动转向需求驱动，创业企业需要更加注重用户痛点的解决和商业价值的实现。这要求创业者具备更强的商业洞察力，能够准确把握市场机会，设计可持续的商业模式。

第三，生态协同日益重要。在技术快速迭代的背景下，单打独斗的模式难以为继。创业企业需要善用开源社区、产业联盟、技术平台等生态资源，构建协同创新网络。通过生态整合，降低创新成本，加快市场渗透。

第四，全球化竞争加剧。AI技术的无国界特性决定了创业企业必须具备全球视野。如何在国际市场中确立竞争优势，如何应对不同区域的政策法规，将成为重要课题。这要求创业者在产品设计和市场策略上考虑全球化因素。

第五，人才竞争更趋激烈。随着AI应用领域的扩展，跨领域复合型人才的重要性提升。创业企业需要构建更具吸引力的人才发展平台，打造学习型组织，确保团队能力与市场需求同步提升。

面向未来，AI创业者需要具备以下关键能力：

前瞻性的战略眼光，能够准确把握技术趋势和市场机遇。

快速学习和适应能力，在瞬息万变的市场中保持竞争力。

资源整合能力，善于利用外部生态实现快速成长。

持续创新能力，保持产品和商业模式的领先性。

AI创业是一场马拉松，需要创业者在保持创新激情的同时，也要具备战略定力和执行韧性。创业成功不仅需要技术实力，更需要商业智慧、团队协作和生态整合能力的有机结合。

在这个充满机遇与挑战的时代，唯有持续学习、勇于创新、善于协作的创业者，才能在AI浪潮中把握先机，实现基业长青。

第五章

展望未来，迎接AI的崭新篇章

数智观察

硅基文明诞生的前夜，中国的创新者们要以非凡的智慧与勇气，为智能时代注入可持续发展的文明基因。那些敢于在技术的浩瀚宇宙中树起思想旌旗的开拓者们，如新文化运动时期的星星之火，可以燎原，引领我们自立自强，走向更加美好的未来。

站在文明史的裂变点，AI已不再是实验室中的代码幻影，而是崛起为重塑世界的基本力——它无声地渗透进城市的血脉，重构世界的生态，甚至突破意识的边界。

机器人、无人驾驶汽车、低空飞行飞机……不远的将来，机器将在物理空间中完美复刻人类行为范式，人类“独特性”的边界正经历前所未有的解构与重塑，被技术解构的不仅是劳动价值，更是“人为自然立法”的认知根基，时代呼唤这场新的“启蒙运动”。

AI作为人类认知的镜像，同样折射着天使与魔鬼的永恒博弈。当算法披着“利他主义”外衣却行数据垄断之实时，便沦为资本异化的魔鬼；而当AI真正实现“数字共生”时，才能成为向善向美的天使。

展望未来，本章将深入探讨AI的未来图景，并提出AI的隐患，围绕三个核心维度展开：第一，剖析AI突破后的技术爆炸链式反应；其二，探索人机共生社会中认知革命的广泛影响；其三，面对终极伦理困境，当AI发展出超越人类理解的元逻辑时，我们如何在文明监护者与被监护者的角色悖论中找到新的平衡，最终穿透技术乌托邦与反乌托邦的表层叙事，触摸人类世界与智能交织的深层脉动。

AI的未来是什么？可能没有一个人能够清楚地回答，因为它的潜力已经超出了我们的想象。然而，可以肯定的是，AI的未来将不仅仅是技术层面的延续，它将引领一场深刻的产业革命，影响商业模式、生产方式甚至整个社会结构，推动经济和社会体系转型，成为塑造未来的核心力量。

尽管未来充满无限可能，但AI发展面临的挑战还是无处不在，技术突破、行业壁垒、伦理问题、数据隐私等，都摆在AI发展的面前。未来AI不仅要应对技术的复杂性，还要与社会、经济及文化深度融合，真正实现其价值。

本章将探讨AI未来的无限可能，如何从前沿创新走向全面渗透，如何从单点突破拓展到跨行业的深度应用。描绘出AI在未来世界中，如何成为不可或缺的基础设施，提供从蓝图到现实的发展路径，助力企业与社会共同迎接AI时代的到来。

第一节　通向AGI的技术蓝图正在缓慢展开

一、到达AGI的可能路径

AI的发展可追溯至20世纪50年代，那时它的使命重点在于模拟人类智能。初期的AI通常被称为“狭义人工智能”或“弱人工智能”，专注于特定任务的执行，如语音识别、图像处理等。这些系统在特定领域表现出色，但它们的局限性同样明显，缺乏跨领域的通用能力。

不同于“狭义人工智能”，AGI（通用人工智能）承载了更为宏大的梦想。它能够像人类一样应对各个领域的问题，且无须人工干预。AGI的独特之处在于，它的智能不再局限于某一特定领域，它具备自我学习的能力，能够解决那些从未接受过训练的问题。AGI可能是人工智能的最终形态，它通过模拟人类的广泛认知能力，能够应对复杂多变、充满不确定性的任务。

进入21世纪，AGI逐渐从理论走向实践，成为人工智能研究的核心课题。近年来，AGI不仅在技术层面获得突破，更成为全球科技竞赛中的重要概念，吸引了无数科研者和企业的目光。阿里巴巴集团CEO、阿里云智能集团董事长兼CEO吴泳铭在2024云栖大会上曾表示："过去22个月，AI发展的速度超过任何历史时期，但我们依然还处于AGI变革的早期。生成式AI最大的想象力，绝不是在手机屏幕上做一两个新的超级App，而是接管数字世界，改变物理世界。"①

许多机构都对AGI进行了定义，尽管描述有所不同，但核心含义基本一致。维基百科定义的AGI，是具备与人类同等智能或超越人类的人工智能，能表现正常人类所具有的所有智能行为。百度百科解释AGI，是指具有高效的学习和泛化能力、能够根据所处的复杂动态环境自主产生并完成任务的通用人工智能体，具备自主的感知、认知、决策、学习、执行和社会协作等能力，且符合人类情感、伦理与道德观念。在2025年达沃斯论坛上，DeepMind创始人兼首席执行官德米斯·哈萨比斯曾预测，在5年至10年内可能实现具备人类所有认知能力的AGI，但可能还需要一两个关键突破。②

① 《阿里吴泳铭：先进AI模型门槛将达百亿美元级别，机器人行业将迎来巨变》，澎湃新闻，2024年9月19日。

② 《专访DeepMind CEO：我们距离实现AGI只需5—10年》，至顶网，2025年1月23日。

对于AGI的发展和判定，2024年OpenAI开发者日上，OpenAI CEO萨姆·奥特曼提出AGI的五层框架理论，包括聊天机器人（Chatbots）、推理者（Reasoners）、智能体（Agents）、创新者（Innovators）和组织者（Organizers），试图通过这一框架对不同智能水平进行划分和衡量：

第一级别：聊天机器人chatbots，AI能够与人类进行对话解决问题。

第二级别：推理者Reasoners，AI在广泛的主题上具有相当于人类水平的问题解决能力。

第三级别：智能体Agents，AI在系统中自主采取行为解决问题。

第四级别：创新者Innovators，AI不依赖于人工，而是自身有创新思维。

第五级别：组织者Organizations，AI能够独立完成组织所有工作。

基于五层框架，AGI相对的实现路径变得更加清晰。上海人工智能实验室主任、首席科学家，清华大学惠妍讲席教授，衔远科技创始人周伯文曾在2024世界人工智能大会暨人工智能全球治理高级别会议的科学前沿主论坛上表示："通专融合是迈向AGI的战略路径。"[①]这一观点为AGI的技术研究提供了重要指引。

AGI的发展会更加聚焦在技术路径，而实现AGI需要多种技术的协同突破，当前的主流路径主要包括以下三个方向。

深度学习与强化学习结合：通过模拟大脑神经元的连接方式，结合强化学习的反馈机制，使AI能够自我优化，逐步适应复杂任务。目前，主流AI技术路径通常采用"注意力机制+深度学习"与"强化学

① 《上海人工智能实验室主任周伯文：通专融合是通往AGI的战略路径》，界面新闻，2024年7月5日。

习”的结合，在AI生成内容领域取得了显著进展。

符号AI与神经网络结合：将传统符号逻辑推理与深度学习相结合，提升AI的常识推理和抽象思维能力。这种神经符号AI模型通过结合符号处理和神经网络，探索数据分布学习与基于先验和学习知识的推理，以推进AGI的发展。

类脑计算：通过模拟大脑的复杂机制，探索新型神经网络架构，如神经符号网络，作为AGI发展的潜在路径。脑启发的AI结合了神经科学、心理学和计算机科学的见解，旨在开发更高效和强大的AI系统，被视为实现AGI的重要途径。

不仅如此，企业也在不断探索更实际的AGI落地路径。字节跳动也在2025年1月宣布启动代号为“Seed Edge”的AGI长期研究项目，并确定了五大研究方向[①]：

第一，探索推理能力的边界，聚焦于通过大规模强化学习等技术推动智能边界的提升；

第二，探索感知能力的边界，致力于突破智能与交互的融合，探索世界模型的建模方式；

第三，探索软硬一体的下一代模型设计，旨在实现训练效率、推理效率、模型性能的多目标优化；

第四，探索下一代AI学习范式，挑战现有范式的“共识”，寻找比Next-Token Prediction[②]更高效的学习目标；

第五，探索下一个Scaling方向，继Pretraining Scaling[③]和Test-Time

① 《字节跳动首次公布AGI目标，五大方向布局长期研究》，Deep Tech深科技，2025年1月25日。

② Next-Token Prediction：预测下一个Token。

③ Pretraining Scaling：预训练扩展定律。

Scaling[1]之后，寻找推动智能边界演进的新方向。

从技术研究到产业实践，AGI的发展路径正在逐步明晰。无论是理论突破还是实践应用，各方正努力迈向具有通用能力的人工智能未来。萨姆·奥特曼在最近也连续发声，在2025年1月的一次采访中他表示："AGI已经变成了一个非常模糊的术语，当一个AI系统能够完成一个非常熟练的人在重要工作中所能做的事情时，我就称之为AGI。"[2]2月10日，他的一篇博文首先就强调了，我们的使命是确保AGI能够惠及全人类。并解释称，从技术角度来看，未来的道路似乎相当清晰，但公共政策和集体意见将会对我们如何将AGI融入社会起到重要作用。

二、AI与人类智能的差异与边界正逐渐模糊

AI是相对人类智能所提出的名词，我们讲的人类智能是指人类所具备的主观意识、思维能力和情感体验，其本质源于大脑的生物结构和复杂的神经网络，是亿万年生物进化的产物。人类能够感知和理解周围环境，体验自己的思想、情感和意愿，并清晰地意识到自身的存在。这种主观意识赋予了人类处理抽象概念、逻辑推理和复杂决策的能力，同时还能让我们对世界产生深层次的理解。

人类智能涵盖感知、学习、记忆、推理、情感和意识等多方面能力，这些能力使我们能够在复杂多变的环境中适应与创新。人类智能不仅仅是认知能力的集合，更是一种能够推动社会进步、创造文化价

---

① Test-Time Scaling：测试时缩放。

② 《OpenAI CEO奥特曼最新访谈：谈AGI门槛、AI定价和马斯克》，新浪财经，2025年1月6日。

值的关键力量。人类智能的显著特征在于其高度的灵活性和创造性。正是这种特质，让我们不仅能够适应环境，还能主动改变环境，推动文化、技术和社会的发展。

此外，人类智能还包括情感共鸣和道德意识，能够处理伦理问题并作出符合价值观的选择，这使得人类在社会互动中具有独特优势，使得人类能够在复杂的社交网络中不断繁荣与进步。但是当前对人类智能的定义更多是主观描述，缺乏统一、客观的量化指标。人类对自身智能的本质仍未完全理解，目前科学家们正通过神经科学和心理学研究深入探索人脑的工作机制。

AI脱胎于人类智能，是人类设计和开发的系统，专注于模拟或执行特定的认知任务。AI与人类智能在本质、能力和局限性上存在显著差异，但也密切相关。尽管AI在特定领域的表现往往优于人类，但其能力通常局限于预设功能和训练数据范围。因为其主要基于计算机算法和数据处理，学习和模拟人类的行为和决策过程。相比人类智能的自我认知与情感体验，AI的“意识”更像是一种程序化的反应机制，无法达到人类智能的深度和广度。以下是两者的主要区别。

本质与起源：人类智能源于大脑复杂的生物结构，是数百万年进化的成果，具备自我意识、情感和主观体验。相比之下，AI是基于计算机算法和数据技术开发的工具，旨在模拟人类的认知行为以完成特定任务。

学习与适应：人类通过经验积累、教育和社会互动进行学习，能够将知识灵活运用于不同情境中。而AI依赖于海量数据和预先设计的算法进行训练，其学习和适应能力通常局限于特定领域，难以泛化到其他任务。

创造力与创新：人类能够凭借创造性思维提出新概念、科学探索、创作艺术，而AI生成的内容往往是基于已有数据的重组与模仿，本质上缺乏独创性和创新驱动。

情感与伦理：人类具备感知、理解和表达情感的能力，同时可以在复杂的伦理情境中作出决策。相较之下，AI无法体验情感或作出道德判断，其决策完全基于计算逻辑和数据分析。

适应性与通用性：人类智能具有极强的适应性，能够应对复杂、动态甚至未知的环境。当前的AI通常专注于特定任务，难以在广泛领域中表现出同样的通用能力。

AI的诞生和发展得益于对人类大脑结构与认知过程的深入研究，同时AI的发展反过来加深了对人类智能的理解，形成了相互促进、共生发展的良性循环。尽管AI一直在人类智能的框架中不断演进，但与人类智能之间仍然存在明显界限，但这一界限正随着技术的飞速发展逐渐模糊。凭借机器学习、深度学习和大模型技术的快速发展，AI已能在语言理解、逻辑推理等领域展现出令人瞩目的能力。这些突破不仅让我们对AI的潜力充满期待，也让人类与机器的智能边界，似乎在不知不觉间悄然重叠。

然而，AI的局限性依旧显而易见。尽管在特定领域取得了显著成就，但AI仍然无法像人类一样进行广泛的抽象推理和创造性思维。AI缺乏对常识的深入理解，难以在复杂情境下作出直觉性判断，这使得它在许多需要灵活应对的任务中表现受限。

人类智能还具备独特性，因为人类智能的基础在于复杂的生物学机制以及文化与社会互动的共同作用。人类智能不仅包括学习和推理，还涉及情感、意识、自我反思以及通过文化和经验塑造的认知能力。这使得人类能够处理模糊信息、参与道德判断并适应不断变化的社会环境，而这些是AI目前难以实现的。

随着AGI研究的推进，AI在认知任务和决策支持方面的潜力将不断扩大。但AI是否能达到人类智能的深度，特别是情感体验、意识和复杂社会互动能力，依然是未知的。现有的AGI探索更多集中于模仿认知过程，而非复制人类智能的全貌。

当明确AI与人类智能的区别和界限后，可以更清楚地认识到，AI与人类智能并非彼此对立或相互取代的关系。相反，AI能够接管那些重复性、低价值的任务，从而让人类的智慧得以在更高层次上发挥。同时人类智能还能为AI的进化提供方向与创新的动力，推动其不断迈向新的发展阶段。

三、AGI的实现挑战

AGI的实现存在诸多挑战，从认知能力的突破到资源优化，从常识积累到透明性和安全性，这些技术和伦理上的难题不仅限制了AGI的发展，也对社会和政策提出了全新的要求。

认知与推理能力：突破人类般智能的关键

实现AGI首先需要赋予系统广泛的认知和推理能力，使其能够灵活处理复杂任务。目前的AI系统主要依赖于大量数据和监督学习，缺乏人类在复杂情境下推理和应对变化的灵活性。此外，如何让系统具备自我改进的能力，也是实现AGI的一大技术难题。未来的研究需要更先进的认知架构和推理算法，以模拟人类的认知过程，推动系统实现从“被动执行”到“主动学习”的飞跃。

常识与多模态整合：构建真正的理解能力

AGI要在复杂环境中表现出人类智能，必须拥有广泛的常识知识，并能够灵活应用于不同情境，当前的AI系统在常识理解方面仍显不足。除了常识外，多模态整合也是AGI实现的重要方向，AGI需要通过整合不同类型的数据，如图像、文本、音频来获得类似的能力。开发支持多模态数据交互的模型，将使AGI能够更好地理解和响应复杂环境。

效率与可扩展性：解决资源瓶颈

训练AI大模型往往需要数千张高性能GPU和庞大的电力资源，这不仅成本高昂，也对环境造成负担。此外，现有模型在扩展性方面也存在明显局限，难以在不同规模和复杂度的任务中高效运行。实现AGI需要突破这些资源瓶颈，开发更加高效的算法和模型架构，以显著降低计算和能源消耗，同时保持性能的卓越性。

透明性与安全性：建立对系统的信任

当前的AI模型通常被视为“黑箱”，即其内部运行机制难以被人类理解和解释，这在关键应用场景中可能导致不信任。此外，AGI的安全性也是一项极具挑战性的议题，为了防止AGI出现不可控行为，需要设计价值对齐机制，确保系统的目标和行为符合人类的伦理与社会价值观。

社会影响与监管框架：应对技术变革带来的挑战

AGI的实现可能带来生产力的极大提升，但同时也可能引发就业结构的重大变化，甚至加剧社会不平等。此外，AGI在隐私、安全、伦理等方面的潜在风险，也需要通过完善的监管框架加以管理。制定清晰的政策和法律法规，鼓励技术的负责任开发，同时在全球范围内推动合作，将是应对这些社会挑战的重要路径。

这些挑战看似复杂却又彼此交织，共同塑造了AGI发展的路线图。通过持续创新和深度研究，我们才能逐步攻克这些难题，迈向真正的通用人工智能。

第二节 AI伦理与社会影响探索

一、AI决策中的偏见与公正：挑战与对策

AI在降本增效方面展现了显著的潜力，但与此同时，偏见与不公正问题也日益凸显。尤其当算法未能充分考虑群体间的差异性，或基于不公正的数据进行训练时，可能加剧社会的不平等。如何确保AI决策的公正性，并避免算法偏见，成为当下亟待解决的核心难题。

AI偏见是指由于人为偏差导致原始训练数据或AI 算法发生偏差，进而导致结果出现偏差，从而输出失真和潜在有害的结果。AI偏见的根源主要来自训练数据的偏差和算法设计中的不公正假设。训练数据通常基于历史数据，但这些数据往往包含了社会中的潜在偏见，如对特定国家、文化、种族、性别或年龄的偏见。AI在处理这些数据时，往往无意识地复制这些偏见，导致不公正的结果。常见的AI偏见类型包括以下六种。

算法偏差：当算法设计不完善或数据输入不准确时，AI可能产生错误的判断或结论。例如，如果一个AI系统在信用评估中未能正确考虑多种经济因素，仅依赖有限的信用评分数据，可能会对某些群体做出不公平的信用评级，导致贷款审批的不公正性。

认知偏差：由于AI的设计和输入需要依赖人类，个人的偏见可能在无意识中渗透到算法中，影响数据集的构建或模型的训练。例如，在面部识别系统的开发中，如果开发者认为某些特征对识别重要，但未经过全面验证，就可能导致某些群体的识别准确率低于其他群体。

确认偏差：当AI系统根据历史数据重复已有的偏见时，它会优先选择符合先入为主假设的数据，从而增加现有偏差，无法识别新的模式或趋势。例如，如果招聘AI系统过去的数据表明某一行业的管理层多为男性，该系统可能会自动优先推荐男性候选人，而忽略女性申请者的资质，从而加剧性别不平等。

排除偏差：发生在数据集中遗漏了某些关键变量或群体的情况下，通常是因为开发人员未能意识到这些因素的重要性。例如，在医疗AI的研究中，如果训练数据主要来自中年男性患者，而未充分考虑女性或老年人的数据，AI可能会对这些群体的健康状况做出不准确的预测，从而影响医疗公平性。

测量偏差：由于数据采集方法的缺陷或数据的不完整，导致模型学习的信息存在系统性误差。例如，如果一所大学希望预测哪些因素有助于学生顺利毕业，但训练数据仅包含已经毕业的学生，而未纳入辍学学生的数据，那么模型将无法准确识别导致辍学的关键因素，进而影响政策制定的有效性。

群体外同质性偏差：源于人类对不同群体的认知模式，即倾向于认为自己所属的群体更具多样性，而外群体成员则更为相似，这可能影响AI系统对少数群体的识别和分类。例如，面部识别技术如果主要基于白人数据进行训练，在识别有色人种时错误率可能会更高，导致不公平的执法或身份验证错误，从而引发伦理和法律争议。

消除AI偏见和确保公正性需要从多个层面进行改进。首先，确保数据的代表性和多样性至关重要。AI算法应当在多样化、全面且公平的数据集上进行训练，以确保对不同群体没有偏见。其次，必须加强算法的透明性和可解释性，让人们能够清晰了解算法的决策过程和依据，避免决策过程中的盲点和偏差。最后，定期对AI系统进行审查和评估，检测潜在的偏见，并通过技术手段进行修正。

此外，政策监管和行业标准的完善同样不可忽视。各国政府和国际组织应制定相关法规，确保AI系统的公平性和透明度，推动跨国合作应对AI带来的社会挑战，确保技术能够为全社会带来更多的福祉，而非加剧不平等。

在美国，自2022年10月美国白宫发布《人工智能权利法案蓝图》以来，美国政府又发布了多个原则性规定，指导人工智能系统的设计、开发、部署和使用，鼓励行业自愿遵守相关原则并进行自我监管，从而逐步形成了美国人工智能治理的基本框架。2023年1月，美国国家标准与技术研究院发布《人工智能风险管理框架》(AI RMF 1.0)，旨在指导机构组织在开发和部署人工智能系统时降低安全风险，避免产生偏见和其他负面后果，提高人工智能可信度。同年，美国颁布《关于安全、可靠、值得信赖地开发和使用人工智能的行政命令》，要求开发者在国家安全、网络安全等方面承担更多责任，甚至需要把安全评估结果交给政府审查，该行政令在2025年被撤销。

在欧洲，2021年4月欧盟委员会提出了世界上第一部针对可信人工智能的全面的、具有约束力的法规《人工智能法案》，要求在欧盟使用的AI系统必须符合安全、透明、可追溯、非歧视和环保等原则。2022年6月，欧洲议会通过《人工智能法案》的谈判授权草案，该法案强化了对AI系统的风险分类，限制深度伪造技术，并对生成式AI提出更高透明度要求，以应对潜在伦理与安全挑战。2024年3月13日，欧洲议会正式通过了《人工智能法案》。

各国政府、国际组织及行业机构正逐步建立完善的监管框架，以确保AI在创新发展的同时，遵循公平、公正、安全的原则，造福全社会。未来全球人工智能治理体系将不断优化，各国间的合作将更加紧密，共同推动AI技术的健康、有序发展。

二、责任归属与透明性：技术背后的伦理考量

随着AI的逐步应用，围绕其“责任归属”和“透明性”的伦理和法律问题日益浮出水面。监管机构与企业之间亟须建立更加紧密的合作关系，共同制定出合理的规范和标准，以促进AI技术能够在健康、可持续的轨道上发展。

AI的决策往往在没有人为干预的情况下自动生成，而这些决策可能影响到个人的生活质量、财务安全甚至生命健康。由此带来的责任问题显得尤为复杂。例如，自动驾驶汽车发生交通事故时，究竟应由制造商、开发者，还是车辆的所有者承担责任。在医疗领域，当AI出现误诊时，如何划分AI与医生、医院之间的责任界限。

当前法律框架对AI决策责任的界定仍较为模糊，且各国的法律制度在这一问题上差异较大。欧盟委员会提出的《人工智能法案》中，虽然对高风险AI提出了监管要求，但对于发生问题后的责任追究依然存在许多空白。

AI决策的“黑匣子”效应使责任归属相对困难，由于许多AI算法本质上是一个高度复杂、难以解释的系统，甚至连开发者自己也可能无法清楚理解AI如何做出某个决策。因此，如何在缺乏透明度和可解释性的情况下，确保责任的明确归属，成为亟待解决的问题。

为了解决这一问题，AI治理成为一个关键的概念。AI治理是一套用于指导、管理和监督AI开发与应用的政策和框架。通过制定AI治理

规范，组织可以更好地理解和管理AI系统，确保AI决策在公平、公正的基础上作出。有效的AI治理不仅能够防止偏见的产生，还能明确责任归属，平衡各方利益，推动AI技术的负责任使用。

为了确保AI的公正性与可信度，透明性是不可或缺的核心要素。AI的决策过程需要公开和可解释，尤其在医疗、金融等高风险行业，决策的透明度直接关系用户的信任与安全。在AI的应用中，尤其是在高风险领域如金融、医疗和司法等，AI的决策过程必须具有高度的透明性和可解释性。特别是在医疗行业，AI作出的决策往往直接关系患者的健康和生命，一旦发生错误，后果可能无法挽回。

为了弥补“黑匣子”这一缺陷，现阶段有多种提高AI透明度的技术方案。例如，“可解释性AI”就是一种提高AI决策过程可解释性的技术，通过对模型内部的操作进行可视化和追溯，使开发者和用户能够理解AI是如何作出决策的，进而帮助提升决策的透明度。

此外，由于AI系统的学习能力高度依赖于所训练的数据，所以AI透明性还涉及数据使用的公正性。在构建AI系统时，所使用的数据集必须是多样化的，保证AI决策的公正性和输出结果的可追溯性。

2019年4月8日，欧盟委员会发布《可信赖人工智能伦理准则》，以提升人们对人工智能产业的信任。2021年联合国教科文组织发布《人工智能伦理建议书》，这是全球首个针对人工智能伦理制定的规范框架。建议书提出，发展和应用人工智能首先要体现出四大价值，即尊重、保护和提升人权及人类尊严，促进环境与生态系统的发展，保证多样性和包容性，构建和平、公正与相互依存的人类社会。①

---

① 《联合国教科文组织发布〈人工智能伦理建议书〉》，央视网，2021年11月26日。

中国是全球少数系统性制定AI伦理规则的国家之一。2021年发布《新一代人工智能伦理规范》，旨在将伦理道德融入AI全生命周期，促进公平、公正、和谐、安全，避免偏见、歧视、隐私和信息泄露等问题。[①]2023年发布的《全球人工智能治理倡议》将会对全球AI发展与治理、人类命运共同体的愿景落实起到积极作用。[②]

为应对责任归属和透明性问题的挑战，政府、企业与学术界需要加强合作，推动更加完善的监管框架和道德规范的建立，确保AI的决策过程公开透明，且其行为符合伦理标准。只有这样，才能在避免技术滥用的同时，最大程度地实现AI的社会价值。未来必须持续关注AI带来的伦理挑战，并采取有效措施推动其健康、有序发展。

三、AI技术普及对就业市场的潜在冲击

随着AI的快速推广，劳动力市场也将迎来重大变革。AI的快速发展可能使就业市场两极分化：一方面，高技能和高薪岗位难以招募到合适人才；另一方面，低薪行业可能出现劳动力过剩的情况。

可以预见，许多传统岗位可能会被AI和自动化技术取代，尤其是那些依赖重复性和规则化任务的职位。如何在AI普及的背景下应对失业问题，成为社会亟待应对的挑战。面对这一潜在冲击，社会、企业和政府必须采取措施，确保劳动力市场的平稳过渡，最大限度地减少AI带来的负面影响。

麦肯锡全球研究院《工作的新未来：在欧洲及其他地区部署人工

---

① 《中国发布〈新一代人工智能伦理规范〉融入人工智能全生命周期》，央广网，2021年9月27日。

② 《〈全球人工智能治理倡议〉中的中国智慧》，光明网，2024年1月23日。

智能和提升技能的竞争》报告显示，预计到2030年，生成式AI将帮助美国和欧洲近1/3的工作时间实现自动化。[①]根据国际劳工组织（ILO）的测算，约有47%的全球工作岗位面临被自动化取代的风险，尤其是那些基于重复性任务、标准化流程和低技能的职位。如传统的客服、会计、仓储工人和快递员等岗位，已经或正在被机器人和AI系统取代。

AI所带来的取代问题不仅仅是在技术层面，还涉及社会层面的结构性挑战。许多国家和地区尚未为大规模失业潮做好充分准备，如何通过政策和教育体系应对这一挑战，已经成为全球需要解决的紧迫问题。

尽管AI会带来某些工作岗位的消失，但也会创造新的职业机会。未来的劳动力市场将更加依赖高技能人才，尤其是数据科学、AI开发、机器人维护等领域。教育系统和职业培训需要快速适应这一变化，帮助人们实现技能转型。

2024年，领英经济图谱团队发布的一系列最新数据显示，在未来5年内，由于AI技术的影响，我们在工作中使用的技能将有70%发生变化，若不考虑AI技术的影响，这一变化程度则只有50%。领英CEO瑞恩·罗斯兰斯基针对调查表示："生成式AI真正的潜力，不仅在于重新定义我们工作的方式，而是重新定义每一项工作，每一个任务和每一个人的职业轨迹。"[②]

劳动者本身在AI时代是被淘汰，还是被赋能，很大程度取决于其是否接受专业培训，教育系统和职业培训机构必须进行调整，以帮助劳动者掌握新兴技术并应对职场转型的挑战。为学生提供更符合AI时

---

① 《报告说人工智能将为劳动力市场带来重大变化》，新华社，2024年6月1日。

② 《未来5年，AI将使全球职场技能变革进程从50%加速到70%》，领英，2024年11月5日。

代需求的教育课程，如编程、数据科学、机器学习等。成人教育和职业培训也需要加强AI能力培养，帮助在职人员顺利转型进入技术导向型岗位。

麦肯锡预计到2030年将有高达2.2亿的中国劳动力需要进行技能升级或技能再培训，约占中国全部劳动力的30%。其中客户服务、后台支持、IT以及创意及艺术管理等职业受到的影响最大。①

政府和社会也需要采取积极措施，包括加强社会保障体系、提供再就业服务、加大对低收入群体的支持等，以确保经济转型带来的利益能够惠及更广泛的社会群体。同时，要通过政策引导和财政支持等方式鼓励企业采用AI技术，推动传统产业转型升级和新兴产业快速发展。这些措施有助于缓解AI对就业市场的潜在冲击，同时促进经济的高质量发展。

AI的普及对就业市场带来的冲击是复杂且多维的，如何确保AI能够带来更多的就业机会而非加剧社会不平等，将考验每个组织、国家和社会的智慧和应对能力。通过教育改革、职业培训和社会政策等多方面措施，帮助劳动力适应转型期，是推动社会与经济可持续发展的关键所在。

第三节　全球AI竞争格局正悄然形成

一、技术、资本与人才的三维竞争

技术优势的竞争：无论是科技大厂还是初创公司，几乎都在大模

---

① 《麦肯锡：AI预计影响2.2亿中国劳动力技术升级》，《北京日报》2023年11月28日。

型领域押下重注。2015年，谷歌发布TensorFlow框架，使机器学习更加普及。2017年，谷歌提出Transformer架构，使得大模型训练成为可能。2018年，OpenAI的成立与谷歌发布大规模预训练模型BERT，成为大模型发展历程中的关键里程碑。技术的突破往往决定着AI竞争中的领导地位，各国纷纷在AI技术研发上展开激烈竞争，尤其是在基础算法、深度学习框架、数据处理能力等领域。

目前，外国主流大模型都在不断进行技术升级，OpenAI在2024年5月14日发布的GPT-4o模型参数约2000亿，9月13日发布的o1-preview模型参数约3000亿，其中o1-preview模型将更多计算资源从训练阶段转向推理阶段，大幅提升其处理复杂推理任务的能力。同时o1-preview模型引入强化学习与思维链（CoT）模式，将复杂问题分解为多个简单步骤，以链式方式进行推理。

OpenAI在12月开展了为期12天的直播活动，进行了一系列重要发布，正式上线了满血版o1（去掉preview）和o1-Pro两个模型，o1相比o1-preview，数学性能提升近30%，代码能力提升27%。o1-Pro相比o1数学性能进一步提升了7.5%。最后一天公布了o3和o3-mini模型，目前o3还在进行安全测试。

谷歌虽然起步较早，但却在之后的发展中落后于OpenAI。谷歌在2021年发布了LaMDA大模型，参数约1370亿。2023年推出Bard大模型，底层模型使用了PaLM模型。2024年Bard更名为Gemini，同年8月发布Gemini Pro 1.5，具备了超长上下文学习能力，最长处理音频约11小时，最长处理视频约1小时。2024年12月5日，谷歌发布了大规模基础世界模型Genie2。作为一款自回归潜在扩散模型，Genie2能够根据用户输入的文本提示，生成相应的交互式虚拟世界。

2021年成立的Anthropic在2024年3月5日发布了Claude 3系列模型，2024年6月21日发布了Claude 3.5系列模型。由埃隆·马斯克创立的xAI在2月18日发布了Grok3模型，其在多项基准测试中均取得了比DeepSeek-v3、GPT-4o、Gemini-2 pro更优的效果。

从国内来看，杭州深度求索人工智能基础技术研究有限公司（DeepSeek）在2025年1月27日发布的DeepSeek-R1模型，短短几天迅速攀升至苹果手机应用商店美国区免费应用榜首，引发广泛关注。OpenAI CEO萨姆·奥尔特曼称："DeepSeek是一个令人印象深刻的模型，但我们相信我们会继续开拓前沿并推出出色的产品，所以很高兴能有另一个竞争对手。"

DeepSeek成立于2023年7月17日，并于2024年1月5日推出其首个大模型DeepSeek LLM。2024年12月26日，DeepSeek发布全新系列模型DeepSeek-V3的首个版本，并同步开源。据称，DeepSeek-R1模型训练成本仅为560万美元，远低于美国人工智能巨头如OpenAI、Google和Meta在AI技术上的数亿至数十亿美元投入，其以较低的训练成本达到与现有前沿模型相当的效果，也引发了市场对于之前投资回报的担忧。

国内众多企业都在积极布局大模型领域，百度、阿里巴巴、腾讯、字节跳动等大厂依托云计算优势纷纷布局大模型，大模型初创领域也形成了智谱AI、月之暗面、MiniMax、百川智能、零一万物和阶跃星辰"六小虎"。

2023年3月，百度发布文心一言，目前已经更新到4.0版本，在多智能体协作和"慢思考"能力上文心一言有突出表现。2023年4月11日，阿里云发布通义千问，凭借多语言处理和代码生成等任务上的强大能力广受关注。2024年云栖大会上，阿里云进一步发布了通义千问

Qwen2.5系列开源模型，涵盖多种尺寸的大语言模型、多模态模型、数学模型和代码模型。每个尺寸提供基础版本、指令跟随版本及量化版本，总计上线超过100个模型。2024年5月，字节跳动发布了豆包大模型。2025年1月22日，豆包大模型1.5 Pro版本正式发布。[①]该版本采用大规模稀疏MoE（混合专家模型）架构，使用较小的激活参数进行预训练，在知识、代码生成、推理能力及中文处理等方面表现优异。

智谱AI（北京智谱华章科技有限公司，成立于2019年6月）和MiniMax（成立于2021年12月）两家企业成立时间均早于ChatGPT发布时间（2022年11月30日），智谱在2024年12月31日发布GLM-Zero的初代版本GLM-Zero-Preview，这是智谱首个基于扩展强化学习技术训练的推理模型，GLM-Zero-Preview专注于增强模型推理能力，擅长处理数理逻辑、代码和需要深度推理的复杂问题。月之暗面2025年1月20日发布了k1.5多模态思考模型，月之暗面表示，在short-CoT模式下，Kimi K1.5在数学、代码、视觉多模态以及通用能力方面，已大幅超越全球领先的短思考SOTA模型，表现领先幅度高达550%。

资本的争夺：大模型已经不只是技术创新的战场，更是商业模式和市场格局的较量。这背后不仅是对技术前景的看好，更是对其商业潜力的强烈期待。2024年全球大模型相关产业链企业的融资总额超过4000亿元人民币，资本的注入像催化剂一样推动着技术突破和应用落地。

OpenAI迄今已完成8轮融资，总金额约110亿美元。最近的一轮融资发生在2024年10月，以1570亿美元的估值成功筹集66亿美元。此

① 《豆包大模型1.5 Pro版面世：用户端已开始灰测，开发者可调用》，《新京报》2025年1月22日。

外，OpenAI还从多家银行获得了总计40亿美元的信贷额度，为其业务扩展提供了更强的资金支持。

2023年9月25日，亚马逊宣布与Anthropic达成战略合作，将Anthropic选为其主要云服务供应商，并首次投资40亿美元。2024年11月23日，亚马逊追加第二笔40亿美元投资，总金额增至80亿美元。同样在2023年初，谷歌对Anthropic投资5.5亿美元，并于2025年1月22日再次追加10亿美元。目前，Anthropic正在与风险投资公司Lightspeed Venture Partners就一笔20亿美元融资进行深入谈判，该交易将使公司估值达到600亿美元。

xAI在2024年5月获得60亿美元B轮融资，估值240亿美元。随后12月，又完成了60亿美元的C轮融资，估值超过400亿美元。参与C轮融资的投资者包括a16z、贝莱德、富达、红杉资本、Kingdom Holdings和摩根士丹利等，其中富达、红杉资本、Kingdom Holdings此前还参与了B轮融资。

中国“六小虎”在融资规模上有一定的差距。智谱AI在成立之初，就获得中科创星的天使轮投资。中科创星创始合伙人米磊曾表示：“当时投资团队根据行业研究判断，知识图谱和自然语言处理将会成为深度学习之后下一个重要技术方向。”2021年9月，智谱AI完成A轮融资，金额超亿元人民币。一年后又获得数亿元人民币的B轮融资。2023年智谱AI宣布年累计获得超25亿元人民币融资。2024年12月17日，智谱AI完成新一轮30亿元人民币的融资，投资方包括多家战投及国资机构，君联资本等老股东继续跟投。截至目前，智谱AI已完成至少12轮融资，估值超过200亿元人民币。

2024年初，月之暗面获得阿里巴巴近8亿美元的投资。同年8月6

日，完成新一轮3亿美元融资，估值达到33亿美元。2024年7月25日，百川智能完成50亿元人民币的A轮融资，投资方包括北京、上海、深圳三地的国有资本。目前，百川智能的估值已超过200亿元人民币，并着手进行B轮融资。MiniMax目前完成四轮融资，最近一次是2024年3月，由阿里领投，估值25亿美元。2024年8月，零一万物完成新一轮数亿美元融资。2024年12月，阶跃星辰完成数亿美元B轮融资。

现阶段，大模型的发展正从技术迈向企业应用，而其真正的挑战则在于如何实现商业化变现。随着这一转变，融资难题已开始在海外AI初创企业中显现出来。大模型创业热潮也从火热融资转向了激烈竞争阶段。

人才争夺战：在AI竞争中，人才被业内视为首要因素，其次才是数据和算力，AI的顶尖人才，已经成为全球人工智能企业争夺的核心资源。因为AI领域对高端人才的需求巨大，如何吸引、培养并留住AI人才，将成为全球AI竞争中的重要战略。

随着全球AI领域对高端人才需求的不断攀升，各大企业纷纷采取多样化策略吸引顶尖人才。不仅通过收购初创公司获取人才，还提供高额薪酬、股权激励以及全面的福利体系增强对顶尖人才的吸引力。2024年4月，埃隆·马斯克在社交媒体平台X上表示："AI人才争夺战是我见过最疯狂的！"硅谷的AI人才竞争愈演愈烈，甚至连OpenAI、谷歌和Meta的高层及创始人都亲自出面，力邀顶级AI工程师加盟。

谷歌、Meta、微软等大厂凭借资源优势，在早期就已经开始积累AI人才，OpenAI、Anthropic等AI创业企业凭借模型的出色能力也吸引了一批人才加入，尤其AI创业企业的创始团队多是大厂或学术出身，拥有较强的技术能力。

2024年3月，微软支付了6.5亿美元，雇用了Inflection AI几乎所有员工，连同其创始人兼首席执行官、同时也是DeepMind创始人的穆斯塔法·苏莱曼加入微软，并组建全新的Microsoft AI团队，重点推动Copilot以及其他消费级AI产品的研发与创新。同年8月，人工智能初创公司Character.AI按25亿美元估值被谷歌收购，其创始人诺姆·沙泽尔和丹尼尔·德费雷塔斯等人也将重返谷歌旗下DeepMind部门，进一步强化谷歌在生成式AI和自然语言处理领域的优势。同月，Anthropic吸引了OpenAI联合创始人约翰·舒尔曼加入，进一步巩固其在AI对齐和安全领域的研究。xAI吸引了多名来自DeepMind和OpenAI的核心研究员，利用其品牌效应和愿景激励，成为新兴AI领域的重要人才吸纳者。

中国在AI人才的需求上也同样迫切。据麦肯锡最新报告显示，到2030年，中国对AI专业人才的需求预计将达到600万，而人才缺口可能高达400万。

百度凭借早期的深度学习研究院（IDL）和开源框架PaddlePaddle，吸引了一批优秀AI人才。通过“AIDU计划”，百度聚焦培养学术与实践型人才，并提供高薪与职业发展平台。百度还在全球设立研发中心，与顶尖机构合作，构建了完善的人才培养与技术储备体系。字节跳动在2023年组建“Seed”团队和Flow部门，吸引了国内外顶尖人才，快速推进多个AI项目。同时推出“Top Seed”计划，为校园顶尖人才提供丰富资源和成长机会，并注重培养高水平的AI产品经理。其策略重点在于整合资源、加速项目落地，迅速追赶行业领先者。腾讯通过“青云计划”吸引顶尖人才，提供行业领先的薪资和资源支持。其导师团队由全球知名科学家领衔，为人才提供专业辅导和跨界科研机会。腾讯强调技术落地与创新应用，致力于打造一流的AI研发团队。

中国企业一方面在中国扩充AI人才，另一方面也在硅谷建立人工智能团队，挖掘顶尖人才，包括阿里巴巴、字节跳动、美团、百度等企业。

阿里巴巴在美国加州森尼韦尔设立了AI团队，积极招聘应用科学家、机器学习工程师和产品营销经理等关键职位。字节跳动也在硅谷建立多个团队，专注于将AI功能深度整合到TikTok等核心产品中。同时，美团在硅谷持续扩充团队，由联合创始人王慧文领导组建了生成式AI团队，专注于AI创新应用的研发，如菜单翻译功能和AI助手，并大力吸引美国本土人才加入。

企业还通过设立全球AI实验室、与顶尖高校合作以及推出实习和奖学金计划等方式，提前布局人才培养，吸引优秀的科研人员加入。例如，Meta在多个国家设立AI实验室，并与知名大学开展深度合作，为其技术发展提供源源不断的人才支持。

为了激励创新，许多企业鼓励员工开展自主研究，并通过知识产权保护和奖励机制激发创造力。例如，OpenAI积极支持员工参与学术研究，并提供平台让他们在国际顶级会议上展示成果。这些多元化的策略帮助企业吸引了全球顶尖人才，为巩固自身在AI领域的技术领先地位提供了强有力的保障。

二、AI发展中的地域差异与全球格局

不同地区AI发展现状：全球人工智能市场正在经历快速的发展，影响已经渗透到经济、社会、文化等多个方面，推动全球科技创新与产业升级。根据Grand View Research的调研数据，全球人工智能市场

预计将以17.3%的年复合增长率增长，到2030年整体市场规模将达到7388亿美元。

不同地区在AI技术研发、市场布局和政策监管方面呈现出显著差异。在全球AI竞赛中，美国和中国目前处于领先地位，两国不仅拥有大量人工智能企业，还在技术创新、算力基础设施、数据生态和应用场景方面取得了重大突破。欧盟更关注AI的伦理治理、法律监管和数据安全，推动制定全球AI标准。而其他新兴经济体尽管在某些领域取得一定进展，但整体技术实力、基础设施和产业化水平仍与领先国家存在较大差距。

美国凭借顶尖的科研机构、雄厚的资本支持以及活跃的风险投资环境，在自动驾驶、医疗诊断、金融分析、AI芯片等领域占据主导地位。Statista的数据显示，美国将持续对人工智能进行投资，预计年增长率为15.36%，到2030年市场总量将达到2370亿美元。

2018年5月，白宫举办人工智能峰会，并成立了人工智能特别委员会，以改善联邦政府在人工智能领域的投入，努力消除创新与监管障碍，提高人工智能创新自由度与灵活性。2025年1月22日，美国宣布“Stargate”（星际之门）人工智能基础设施投资项目，计划未来4年，OpenAI、软银和甲骨文将共同投入5000亿美元，旨在加速AI技术突破，强化美国在全球AI领域的领先优势。

中国将AI作为国家级战略重点，出台了一系列政策促进产业发展，推动AI在自动驾驶、智慧医疗、智能制造、金融科技等领域的落地。2024年11月，中国互联网络信息中心发布的《生成式人工智能应用发展报告（2024）》显示，中国生成式人工智能产品用户规模已达2.3亿人。在第二十四届中国国际投资贸易洽谈会分论坛上，商务部副部长兼国际贸易谈判副代表凌激表示："截至2023年底，中国拥有4500多家AI企业，占全球AI企业总数的七分之一。"①

全球AI发展正在加速演进，各国在AI领域的竞争日益激烈。在这一进程中，AI的技术进步、数据治理、人才竞争以及国际合作将成为影响全球AI格局的关键因素。

AI国际合作：面对AI技术的全球化发展，各经济体间也需要进行合作，尤其是在技术标准和伦理规范方面。只有加强全球协作，才能实现技术联合攻关、数据跨境流动和基础设施互联互通，促进基础研究与人才交流，推动技术和标准的共建共享。通过携手合作，各国能够共同维护产业链和供应链的安全稳定，加速创新成果的落地与应用，确保人工智能技术的可持续发展和广泛惠及全球社会。

2023年10月，中国提出《全球人工智能治理倡议》，为国际合作提供了新的思路。倡议强调，人工智能发展应该实现"共商共建共享"，并确保各国在机会、权利和规则上的平等。2024年7月，第78届联合国大会协商一致通过中国主提的加强人工智能能力建设国际合作决议，140多国参加决议联署。2024年12月3日，中国与赞比亚在联合国总部共同举办了人工智能能力建设国际合作之友小组的首次会议，这标志着全球范围内推动人工智能合作的新平台的正式建立。

此外，自2018年起，中国每年举办世界人工智能大会（WAIC），成为全球AI领域的重要交流平台。大会汇聚了包括图灵奖、诺贝尔奖、菲尔兹奖得主在内的顶尖科学家，以及各国政要、企业家和投资人，共同探讨人工智能技术的最新进展、应用前景及全球合作方向，为推

---

① 《中国人工智能产业蓬勃发展，核心产业规模逼近6000亿元》，环球网财经，2024年9月9日。

动AI领域的发展和国际对话提供了关键支撑。

欧美的合作主要以2021年6月成立的美欧贸易和技术委员会为平台。2022年12月，美欧贸易和技术委员会发布《可信赖人工智能和风险管理评估与测量工具联合路线图》，从术语规范、标准制定以及风险监测三方面指导双方人工智能风险管理和可信赖人工智能发展，并促进相关国际标准的制定。

日本、韩国等国家也纷纷制定了各自的AI发展战略，积极参与全球合作。2020年6月，日本作为初始成员加入了由G7及来自全球各地共29个国家组成的“全球人工智能伙伴关系”（GPAI）。

三、从工具到战略资产的角色转变

AI正在经历从生产力工具向国家战略资产的深刻转变。过去，AI主要用于提升自动化水平、优化流程和提高效率，而如今，它已成为影响国家安全、经济竞争力和全球科技主导权的核心力量。各国纷纷加大AI领域的投资，并将其纳入国家战略，以确保在未来全球竞争格局中占据有利位置。

AI为全球经济活动作出贡献的潜力巨大。IDC预测，到2030年，AI将为全球经济贡献19.9万亿美元，推动2030年全球GDP增长3.5%。麦肯锡预测，AI整体将为全球经济带来高达25.6万亿美元的正面影响，其中来自生成式AI的贡献高达7.9万亿美元，相当于当前全球GDP总量的约8%。

在2025年世界经济论坛年会上，清华大学智能产业研究院（AIR）院长、前百度总裁张亚勤表示：“到2030年，人工智能预计将创造20万亿美元的产业机会。AI不仅深刻改变了芯片、云计算平台等IT基础设施，还催生了无人驾驶、智能机器人、AI助手等新兴产业形态。”英特尔中国区董事长王锐在2024年英特尔新质生产力技术生态大会上表示：“预计到2030年，生成式AI将为全球经济贡献约7万亿美元，其中中国的贡献将达到2万亿美元，接近全球总额的三分之一。”①

AI的广泛应用正加速变革制造业、医疗、交通、能源等关键行业，不仅显著提升生产效率、降低运营成本，还推动新兴产业的崛起。各国政府正加快布局，以确保在未来全球产业链中占据主导地位。

麦肯锡预测，在零售和消费品行业，生成式AI将改变游戏规则，为零售和消费品行业创造4000亿至6600亿美元的价值，价值潜力占行业总收入的1.2%至2.0%。而在银行业，GenAI将带来2000亿至3400亿美元的价值，相当于行业年收入的2.8%至4.7%。

随着AI的快速发展，各国正在围绕AI治理、数据主权、伦理监管等领域加紧布局。未来AI不仅将决定国家的科技实力，还将深刻塑造全球经济格局和国际关系，使其真正成为推动国家竞争力和全球战略格局演变的重要引擎。

第四节　面向未来的政策与实践，引领AI发展的新篇章

一、AI普惠的实现路径：推动公平与可持续发展

AI普惠意味着将成本降低、效率提升，以及为更多的普通人提供技术支持。李开复在WISE2024商业之王大会上表示：“推动AI普惠应

① 《英特尔中国区董事长王锐：加速推动新质生产力发展　深化中国市场布局》，《中国经营报》2024年12月3日。

用，创造生态繁荣，是当今各界共同的使命。”他看到当前有超过86%的企业希望在未来三年内将AI集成到其业务中，然而，由于缺乏相应的知识资源和技术支持，很多企业和个人仍然感到无从下手。这种情况不仅阻碍了技术的普及，也影响了经济的整体发展。

风险投资机构Andreessen Horowitz（a16z）发布的2025年及未来科技趋势的报告预测，AI将从云端走向边缘，深度融入各行各业，实现真正的AI普惠化。未来智能助手、智能家居、无人驾驶汽车都将变得司空见惯。

AI的普惠并非一个技术问题，更是一个涉及社会公平、经济发展和文化融合的多维挑战。为了确保AI技术能够真正造福每一个社会成员，世界各国需要在政策、教育、基础设施建设等方面进行深度布局。

要实现AI普惠，首先必须从政策层面进行积极推动，制定符合社会公平和包容性原则的AI发展政策，确保所有社会阶层、不同地区都能平等地享受AI带来的好处。在这一过程中，政府可以通过税收优惠、创新支持和产业指导等措施，鼓励企业开发和推广适用于不同群体的AI产品和服务。特别是在教育和医疗等基础服务领域，普惠AI能够帮助提高资源的配置效率，减少不平等现象。

2024年10月，中国提出了《人工智能能力建设普惠计划》，旨在通过多方合作促进全球人工智能的发展，尤其是帮助全球南方国家平等享受技术红利，围绕全球南方普遍期待的“五大愿景”，积极开展“十项行动”。主要内容包括：第一，促进人工智能和数字基础设施联通；第二，推进“人工智能+”赋能千行百业；第三，加强人工智能素养和人才培训；第四，提升人工智能数据安全和多样性；第五，确保人工智能安全可靠可控。

除了政策支持，普惠AI的实现还需要提升全民的数字素养，因此教育体系的改革至关重要。为了让每个人都能够理解并充分利用AI，学校和教育机构应将AI纳入基础教育课程，从小培养学生的技术能力和创新思维，对于成年人群体的再教育和职业培训开设AI相关课程，确保现有劳动者能够顺利适应AI带来的岗位变动，提升技术适应力，避免被“技术落下”。

世界经济论坛发布的《2025年未来就业报告》显示，AI和数据处理技术将创造1100万个职位，取代900万个工作，其中大数据专家及AI、机器学习（ML）专业人士需求最大。75%的组织计划提升员工AI技能，70%的组织计划招募具有AI经验的人才。

基础设施建设同样是实现普惠AI不可忽视的因素，不同地区在技术普及程度上的差异，往往制约了AI的广泛应用。因此，提升互联网覆盖率和计算能力，将成为推动普惠AI的基础性工作。这不仅有助于缩小数字鸿沟，也能为更多地区和人群提供平等的技术机会。

国际电信联盟2024年11月27日在日内瓦发布的《2024年事实与数据》年度报告指出，2024年全球预计有55亿人使用互联网，较2023年增加了2.27亿人，占全球总人口的68%。然而，仍有约26亿人无法上网，占总人口的32%，其中大部分人生活在农村地区。

全球数字鸿沟的存在，是实现普惠AI的最大挑战之一。尽管AI技术在全球范围内日益发展，但很多国家和地区仍然处于技术“边缘”，无法享受AI带来的生产力提升和社会福利改善。数据显示，发达国家的人均互联网使用率远高于发展中国家，这直接导致了技术、信息和创新资源的严重不平等。

AI技术的普及面临着“数字鸿沟”的阻碍，这不仅限制了低收入国家经济增长的潜力，也加剧了全球社会的不平等。国际劳工组织发布《注意人工智能鸿沟：塑造关于未来工作的全球视野》报告指出，随着全球经济加速向AI驱动转型，欠发达国家面临着被更远落下的局面，加剧与发达国家间的经济和社会发展鸿沟。麦肯锡预测，领先的人工智能国家在净经济效益方面可能比现在多获得20%到25%，而发展中国家可能只获得5%到15%。

未来，AI技术的普惠性不仅仅是技术的普及，更是实现全球公平发展的关键。只有通过跨国合作和综合性政策的实施，才能确保AI带来的创新成果造福全球每一个社会成员。因为只有一个更加包容、公正的AI环境，才能推动经济增长，进一步促进社会福祉和全球共同繁荣。

二、从科技创新到政策落地的协同

今天如何将AI的创新成果有效转化为社会的实际利益，已成为全球各国政府和相关机构关注的焦点。科技创新不仅需要强大的研发驱动力，更离不开政策的引导与支持。政策的有效落地与科技创新的协同作用，能够确保AI技术在促进经济发展和社会进步的同时，避免潜在的风险和不公平现象。因此，推动科技创新与政策对接，形成合力，不仅是技术发展的必然要求，更是全球治理体系在应对人工智能挑战时的重要课题。

在中国，2017年7月，国务院颁布《新一代人工智能发展规划》，提出了面向2030年我国新一代人工智能发展的指导思想、战略目标、重点任务和保障措施，部署构筑我国人工智能发展的先发优势，加快建设创新型国家和世界科技强国。《新一代人工智能发展规划》明确了我国新一代人工智能发展的战略目标：到2020年，人工智能总体技术和应用与世界先进水平同步，人工智能产业成为新的重要经济增长点，人工智能技术应用成为改善民生的新途径；到2025年，人工智能基础理论实现重大突破，部分技术与应用达到世界领先水平，人工智能成为我国产业升级和经济转型的主要动力，智能社会建设取得积极进展；到2030年，人工智能理论、技术与应用总体达到世界领先水平，成为世界主要人工智能创新中心。为贯彻落实《新一代人工智能发展规划》，2017年12月，工业和信息化部关于印发《促进新一代人工智能产业发展三年行动计划（2018—2020年）》。2025年政府工作报告中又提出，持续推进“人工智能+”行动，将数字技术与制造优势、市场优势更好结合起来，支持大模型广泛应用，大力发展智能网联新能源汽车、人工智能手机和电脑、智能机器人等新一代智能终端以及智能制造装备。

在美国，2019年2月11日，美国白宫发布《美国人工智能倡议》，旨在从国家战略层面调动更多联邦资金和资源用于人工智能研发。2021年，美国白宫科技政策办公室专门成立国家人工智能计划办公室，负责有关人工智能战略计划方面的内容。美国白宫发布2023年版《国家人工智能研发战略计划》，该计划是对2016、2019年版《国家人工智能研发战略计划》的更新，重申了之前的8项战略目标并对各战略的具体优先事项进行了调整和完善，同时增加了新的第9项战略以强调国际合作。

在欧洲，欧盟委员会早在2018年4月便发布相关文件，概述协调AI发展与部署的方法，并提出加大人工智能研究与创新投资的计划。2020年2月，欧盟委员会发布《人工智能白皮书》，提出AI监管框架，涵盖风险评估、透明度、数据使用及法律责任等关键问题，并建议按照不同风险级别对AI应用进行分类监管。

AI需要政府、企业和学术界之间紧密合作，通过共同研究和开放创新，共同推动AI技术的创新与实践，以确保AI技术的公正性、可控性和可持续性。同时AI还要重视跨界合作，与其他领域融合与交叉，推动行业创新解决方案的涌现，提升社会生产力和人民生活质量。

2024年服贸会中国AIGC创新发展论坛上，中国工业和信息化部信息技术发展司副司长杨亚俊在会上表示："中国人工智能应用成效持续提升，在制造业研发、中试、生产、服务、管理等环节应用落地，建成2500多个数字化车间和智能工厂，同时与政务、金融、能源等领域加速融合，新模式、新业态不断涌现。"

世界经济论坛2025年年会的主题也被定为"智能时代的合作"，会议围绕重塑全球增长、助推智能时代产业发展等领域，充分探讨各国如何在智能时代弥合分歧，寻找新合作方式以增强经济韧性，引导AI等信息技术向善发展，携手应对气候变化等挑战。世界经济论坛总裁博尔格·布伦德表示："中国信奉互利共赢的合作之道，在南南合作中扮演了重要角色，作为世界第二大经济体，中国与其他新兴经济体开展了紧密合作，通过投资等多种方式，促进了众多发展中国家的经济增长。"

通过跨界合作，AI不仅能在现有领域内产生深远影响，还能为应对全球性挑战提供解决方案，如气候变化、人口老龄化等。随着技术的不断发展，AI将推动更为复杂和智能化的社会结构，成为实现社会可持续发展的重要引擎。全球各方需携手合作，共同迎接AI带来的新机遇与挑战。

总结与展望

2025年春节期间，DeepSeek的“出圈”并非偶然，而是技术进步与市场需求相互推动的结果。AI作为引领新一轮科技革命和产业变革的战略性技术，正在深刻地改变着全球经济结构与社会格局，具有溢出带动性很强的“头雁”效应。

AI具备典型的通用技术特征，能够在几乎所有经济活动中发挥深远作用，推动了社会结构、劳动方式以及产业形态的深刻变化。其应用场景已拓展至医疗、金融、制造、交通、能源等领域，其正以惊人的速度渗透进各行各业，并深刻重塑全球产业版图。

从全球范围来看，AI的发展不仅促进了经济增长，更加深了国际竞争与合作的格局。各国纷纷将AI作为国家战略的一部分，通过政策、资金、人才等资源的集中投入，加速技术创新和产业应用的布局。

美国、中国、欧盟等主要经济体纷纷将AI作为未来发展的国家战略，投入大量资源进行研发和应用推广。AI不仅为经济带来了前所未有的机遇，也对国际合作和治理提出了更高要求，尤其在伦理、安全、隐私保护等方面，需要各国政府和企业共同推动相关法规的建设。

中国作为全球科技创新的重要一环，在AI的发展中扮演着重要角色。工信部数据显示，截至2024年9月底，中国人工智能核心产业规模接近6000亿元。赛迪顾问预计，从2025年到2035年，中国人工智能产业规模预计将从3985亿元增长至17295亿元，复合年增长率为15.6%。其中，2030年，中国人工智能产业规模预计突破1万亿元。

AI产业的快速发展不仅为中国的数字经济注入了新动能，也为各行各业的转型提供了强有力的支持。中国政府在AI战略布局方面也表现出极高的决心，通过政策推动AI在产业领域的应用和普及，为中国在全球AI竞争格局中占据重要地位提供了坚实基础。

然而，尽管AI的应用前景广阔，技术发展仍面临许多挑战。如何在快速发展的同时确保AI的公平性、透明性以及伦理性，依然是全球范围内亟须解决的难题。这要求各国政府、企业与学术界在发展过程中建立更加紧密的合作关系，确保AI技术的应用符合公共利益，避免技术对社会带来负面影响。

同时，AI技术的普惠性也将成为未来发展的核心方向，政府、企业以及社会各界需要共同努力，确保AI技术能够真正惠及每一个社会成员，推动全球经济的可持续增长。中国也将继续深化与其他国家的AI领域合作，借助全球的资源和技术优势，提升产业链的核心竞争力。

从技术创新到政策落地，从企业合作到国际共识，AI技术的发展需要各方协同推进，确保其在创新和应用中形成良性循环。同时深化促进AI在各行各业的融合与创新，推动社会生产力提升，改善人民生活质量。通过更加紧密的国际合作和有效的政策框架，AI技术将更好地造福全球社会，实现更广泛的共享与共赢，为全球经济注入持久动力，助力构建更加公平和繁荣的未来。

附 录

提示工程（Prompt Engineering）方法

提示工程（Prompt Engineering）已经超越了简单的指令输入，发展为一门精细的艺术与科学。它不仅是连接人类意图与AI模型的关键界面，更是释放大型语言模型（LLMs）潜力的核心驱动力。本部分将系统性地剖析提示工程的基础理论、最佳实践、行业应用、前沿发展以及人才培养，力求构建一套完整且实用的提示工程知识体系。

第一节　提示工程的基础理论

一、什么是提示工程

提示工程本质上是一种人机协作范式，它聚焦于设计、开发、优化自然语言提示（Prompts），以最有效地引导大型语言模型完成预定的任务并产出高质量的结果。它不仅仅是简单的“提问”，而是一门融合了语言学、认知科学、计算机科学的交叉学科，旨在探索如何通过精巧的语言艺术最大化地激发AI模型的智能。

有效的提示词如同一个精心设计的“开关”，能够精准地激活模型内部的知识和能力。提示词可以根据其复杂度和功能进行细分。

- 基础提示（Basic Prompts）：简洁明了的指令，例如，“写一首诗”“翻译这段文字”。
- 指令提示（Instruction Prompts）：侧重于指导模型执行特定操作或遵循特定步骤的提示，例如，“请按照以下步骤总结文章：1.阅读全文；2.提取关键信息；3.撰写摘要”。
- 问题提示（Question Prompts）：以问题形式呈现的提示，旨在引导模型进行问答或信息检索，例如，“什么是提示工程？”“请列举三种常用的提示设计技巧？”

• 情境提示（Contextual Prompts）：包含上下文信息的提示，例如，“根据以下背景资料，总结文章主旨”。

• 角色扮演提示（Role-Playing Prompts）：赋予模型特定角色，例如，“你是一位专业的医生，请解答以下医学问题”。

• 少样本提示（Few-Shot Prompts）：提供少量示例输入输出对，引导模型学习并模仿生成，例如，提供几个翻译示例，让模型学习翻译风格。

• 思维链提示（Chain-of-Thought Prompts）：引导模型逐步思考，展示推理过程，提升复杂任务的解决能力，例如，通过提问“请一步步解释你的解题思路”，引导模型进行逻辑推理。

有效的提示词往往包含下列关键要素：

• 清晰性（Clarity）：指令明确，避免歧义，让模型准确理解任务目标。

• 具体性（Specificity）：提供任务细节，例如，字数限制、风格要求、格式规范等，减少模型自由发挥的空间。

• 相关性（Relevance）：提示内容与任务高度相关，提供必要的背景信息和上下文，帮助模型理解语境。

• 引导性（Guidance）：通过提示引导模型的思考方向，例如，使用关键词、设定角色、提供示例等。

• 简洁性（Conciseness）：在保证信息完整的前提下，提示应尽可能简洁，避免冗余信息干扰模型理解。

1. 大型语言模型（LLMs）：智能的基石与挑战

从早期的循环神经网络（RNN）到长短期记忆网络（LSTM），再到Transformer架构的崛起，LLMs经历了飞跃式发展。Transformer架构凭借其强大的并行计算能力和自注意力机制，能够处理更长的文本序列，捕捉更复杂的语义关系，成为现代LLMs的主流架构。

LLMs通常采用预训练和微调两阶段训练模式。预训练阶段，模型在大规模无标注文本数据上学习通用的语言知识；微调阶段，模型在特定任务的有标注数据上进行训练，以适应特定应用场景。

虽然LLMs在自然语言处理任务上取得了巨大成功，但仍存在一些局限性，例如：

• “幻觉”问题（Hallucination）：模型有时会生成与事实不符或逻辑不通的内容。其成因复杂，可能源于训练数据偏差、模型知识库的不完备性、生成机制的概率采样特性。理解“幻觉”问题的成因，有助于我们设计更有效的提示策略，以缓解和控制“幻觉”现象。

• 偏见问题（Bias）：模型可能学习和放大训练数据中存在的偏见，导致输出结果不公平或不公正。

• 推理能力不足（Reasoning Limitations）：对于复杂的逻辑推理和常识推理任务，模型的表现仍有提升空间。

• 可解释性差（Lack of Explainability）：模型的决策过程如同一个“黑箱”，难以理解和解释。

面对众多的LLMs模型，提示工程师需要根据具体的应用场景和任务需求，选择合适的模型，并进行必要的适配和优化。模型性能的评估指标是多维度的，需要根据具体的任务类型选择合适的指标：

• 文本生成：BLEU，ROUGE，METEOR（评估文本质量和流畅度），Perplexity（评估语言模型的困惑度）。

• 代码生成：Pass@k（评估代码的正确率），CodeBLEU（评估代码的语义相似度）。

• 翻译：BLEU，TER（评估翻译的准确性和流畅度）。

• 问答：Accuracy，F1-score，Exact Match（评估答案的准确性）。

模型性能评估既包含客观指标，也包含主观评估。对于文本生成等任务，人工评估（Human Evaluation）仍然是重要的评估手段，用于评估文本的创造性、逻辑性、可读性等。

提示工程的核心目标之一，就是通过优化提示，最大限度地提升模型在特定任务上的性能表现，使其更接近甚至超越人类水平。

各种基准测试（Benchmarks）和排行榜（Leaderboards）为模型性能评估提供了标准化的平台，例如，GLUE，SuperGLUE，MMLU等。提示工程师可以参考这些基准测试结果，了解不同模型在不同任务上的性能表现。

2.提示工程师的“内功心法”

（1）指令设计：精准表达意图

• 任务分解能力：将复杂任务拆解为更小的、模型更容易理解的子任务，逐个击破。

• 指令结构化能力：运用结构化的语言组织指令，例如，使用步骤、列表、角色设定等，引导模型按部就班地完成任务。

• 指令精练能力：在保证信息完整的前提下，尽可能精练指令，避免冗余信息干扰模型理解。

（2）上下文构建：营造理解环境

• 信息筛选能力：从海量信息中筛选出与任务相关的关键信息，作为提示的上下文。

• 上下文组织能力：将上下文信息组织成模型易于理解的形式，例如，段落、列表、表格等。

• 上下文更新能力：在多轮对话中，根据模型的反馈和任务的进展，动态更新上下文信息，保持对话的连贯性和有效性。

（3）迭代优化：持续精进提示

• 测试评估能力：设计合理的测试方案，评估不同提示版本的性能，收集用户反馈。

• 数据分析能力：分析测试数据和用户反馈，找出提示的优点和不足，为优化提供数据支撑。

• 快速迭代能力：快速尝试不同的提示策略和优化方法，进行模型输出的快速迭代和优化。

（4）评估与反馈：闭环优化驱动

• 效果评估指标选择：根据任务类型选择合适的评估指标，例如，准确率、BLEU值、用户满意度等，用于量化评估提示效果。

• 用户反馈收集与分析：建立用户反馈收集渠道，例如，用户评分、用户评论、AB测试数据等，并进行数据分析，挖掘用户对模型输出结果的满意度和改进建议。

• 持续迭代优化机制：将评估指标和用户反馈纳入提示迭代优化流程，形成闭环反馈机制，驱动提示的持续改进和性能提升。

3.案例剖析

以“春日诗歌”的例子，用通义千问模型为例子，我们深入探讨提示工程在诗歌创作中的应用：

• V1：简单指令——“写一首诗”

◦ 模型输出：模型可能会生成各种风格、各种质量的诗歌，甚至可能跑题。

◦ 问题分析：指令过于模糊，模型缺乏明确的创作方向和约束。

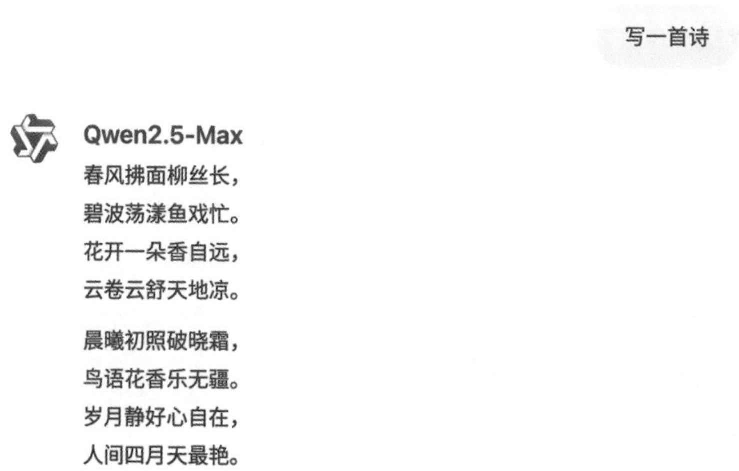

图1　模糊指令图示

• V2：优化指令——“请创作一首五言绝句，主题是春日景色，要求意境优美，语言简洁。”

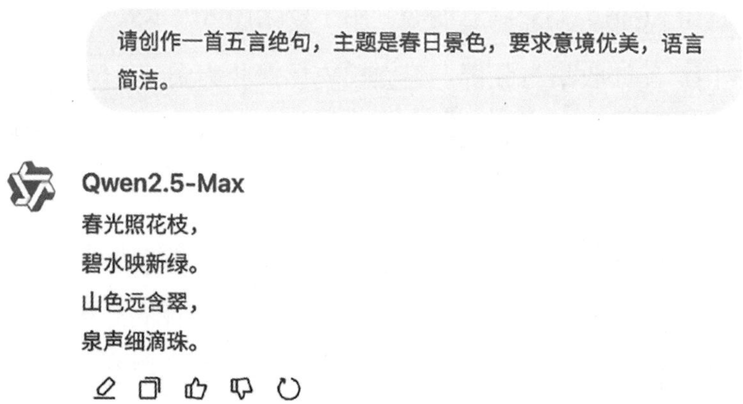

图2　优化后的指令图示

◦ 模型输出：模型生成诗歌的质量明显提升，更符合“春日景色”的主题，语言也更加简洁优美。

◦ 优化分析：指令更加具体，明确了诗歌的体裁（五言绝句）、主题（春日景色）和风格要求（意境优美，语言简洁），有效引导了模型的创作方向。

• V3：高级指令——“请你扮演一位唐代诗人，以‘春日’为主题，创作一首五言绝句。要求诗歌意境悠远，语言含蓄，能够表达诗人对春日美景的赞叹和对时光流逝的感伤。请在诗中融入‘花’、‘鸟’、‘风’、‘柳’等意象。”

请你扮演一位唐代诗人，以“春日”为主题，创作一首五言绝句。要求诗歌意境悠远，语言含蓄，能够表达诗人对春日美景的赞叹和对时光流逝的感伤。请在诗中融入“花”、“鸟”、“风”、“柳”等意象。

Qwen2.5-Max

《春日叹》

花繁风拂柳，
鸟啭韵惊心。
美景难长驻，
春光岁岁侵。

解析：首句“花繁风拂柳”描绘了春日里繁花盛开，微风轻拂着柳枝的美丽景象，展现出一幅生机勃勃的画面。次句“鸟啭韵惊心”通过鸟儿清脆的啼叫，以声衬静，那优美的音韵却让诗人心生感慨，暗示时光悄然流逝。后两句“美景难长驻，春光岁岁侵”直接抒发情感，感叹如此美好的春日景色无法长久停留，岁月的更替不断侵蚀着这短暂的美好，流露出对时光流逝的感伤之情，使全诗意境悠远，令人回味无穷。

图3　高级指令图示

◦ 模型输出：模型生成的诗歌更具意境和韵味，语言更加含蓄典雅，诗中融入了指定的意象，更符合唐诗的风格。

◦ 高级优化分析：指令进一步升级，通过角色扮演（唐代诗人）、风格设定（意境悠远，语言含蓄）、意象指定（花、鸟、风、柳）等多维度约束，更精准地引导模型进行创作，使其输出更具艺术性和文化内涵。

通过诗歌创作案例的演进，我们可以清晰地看到，提示工程的精髓在于不断地细化指令、增加约束、提供引导，最终实现模型输出质量的飞跃。

二、提示设计对大模型性能的影响

提示设计之所以能够对大模型性能产生如此显著的影响，其深层机制在于它能够精准地调控模型的内部状态，引导模型的注意力焦点，并激活模型的特定知识和能力。

Transformer架构的核心是自注意力机制，它允许模型在处理文本时，动态地关注输入序列中不同位置的信息。提示设计能够通过关键词、指令结构、上下文信息等方式，引导模型的注意力机制，使其更加关注与任务相关的输入信息，从而提升模型性能。例如，在翻译任务中，提示中明确指定源语言和目标语言，可以引导模型将注意力集中在语言转换的关键信息上。

LLMs在预训练阶段学习了海量的知识，但这些知识是分散存储在模型参数中的。提示设计能够通过关键词、主题设定、角色扮演等方式，激活模型内部与任务相关的知识，并引导模型选择合适的知识进行推理和生成。例如，在回答医学问题时，提示中设定“你是一位专业的医生”的角色，可以激活模型内部的医学知识，使其输出更专业、更权威的答案。

LLMs的文本生成过程是一个概率采样过程，模型会根据概率分布选择下一个词语。提示设计能够通过指令结构、风格要求、格式规范等方式，引导模型的生成策略，使其输出更符合用户期望的内容。例如，在要求模型生成代码时，提示中明确指定编程语言和代码风格，可以引导模型生成符合规范的代码。

对于复杂任务，LLMs可能难以直接处理。提示工程可以通过任务分解和逐步引导的方式，将复杂任务拆解为更小的、模型更容易处理的子任务，降低任务难度，提升模型性能。例如，在进行复杂推理任务时，可以使用思维链提示，引导模型逐步思考，展示推理过程，从而提升模型的推理能力。

LLMs可能存在偏见，导致输出结果不公平或不公正。提示工程可以通过负面提示、公平性提示等方式，引导模型缓解和修正偏差，使其输出更符合伦理和社会规范。例如，在生成人物描述时，可以使用提示引导模型避免性别歧视和种族歧视。

我们以指令清晰度为例，进一步分析提示设计对模型性能的影响机制。

模糊指令的负面影响：当指令模糊不清时，模型难以准确理解用户意图，注意力焦点分散，无法有效激活相关知识，生成策略混乱，最终导致输出结果质量低下。

示例：提示“写点东西”，模型可能不知所措，随机生成一些无关内容，或者理解偏差，生成与用户期望不符的内容。

清晰指令的正面影响：当指令清晰明确时，模型能够准确理解用户意图，注意力焦点集中，有效激活相关知识，生成策略明确，最终输出结果质量显著提升。

示例：提示“请撰写一篇500字左右的文章，主题是人工智能在医疗行业的应用，重点介绍AI诊断疾病的优势”，模型能够准确理解任务目标，围绕主题和重点展开写作，生成高质量的文章。

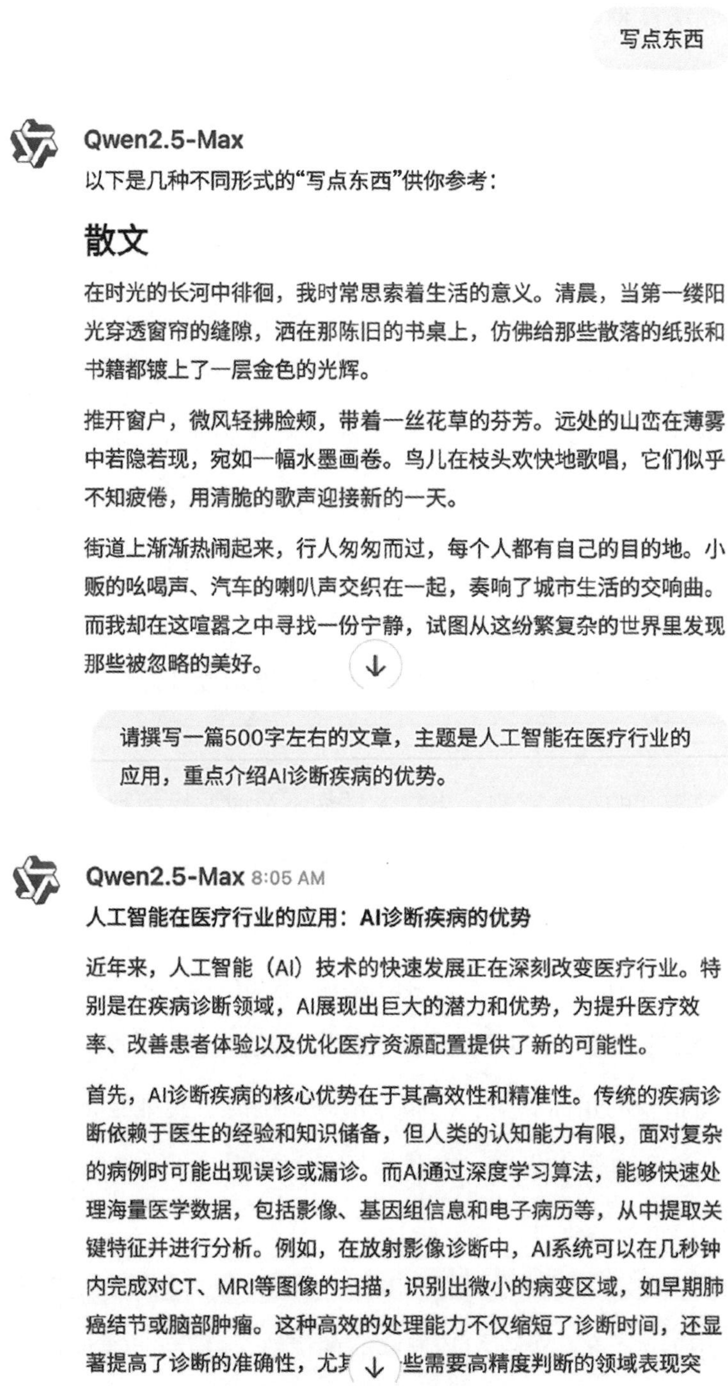

图4　模糊指令与清晰指令生成内容对比

结论：提示设计对大模型性能的影响是深层次、多维度的。理解提示设计的影响机制，有助于提示工程师更科学、更有效地设计提示，最大限度地挖掘大模型的潜力。

三、提示工程在实际应用中的价值

提示工程的价值不仅仅体现在技术层面，更在于其巨大的商业和社会意义。它正在重塑人机交互模式，赋能各行各业，并推动人工智能技术的普及和应用。

1. 商业价值：效率革命与成本降低

提示工程可以大幅提升内容生产、信息处理、任务执行等效率。例如，利用提示工程快速生成营销文案、产品描述、客服回复等，节省大量人工时间和成本。在代码生成领域，提示工程可以辅助程序员快速编写代码，提升开发效率。

效率提升直接带来成本降低。例如，企业可以通过智能客服系统，利用提示工程驱动的LLMs自动处理用户咨询，降低人工客服成本。在内容创作领域，提示工程可以降低内容创作的人力成本和时间成本。

提示工程降低了人工智能应用的开发门槛，使得更多企业和个人能够快速构建基于大模型的应用，加速产品创新和业务模式创新。

提示工程支持个性化定制大模型的行为，企业可以根据用户需求，通过调整提示，提供个性化的产品和服务，提升用户体验和用户满意度。

基于提示工程的应用和服务，催生了新的商业模式，例如，Prompt Marketplace（提示市场）、Prompt Engineering as a Service（提示工程即服务）等。

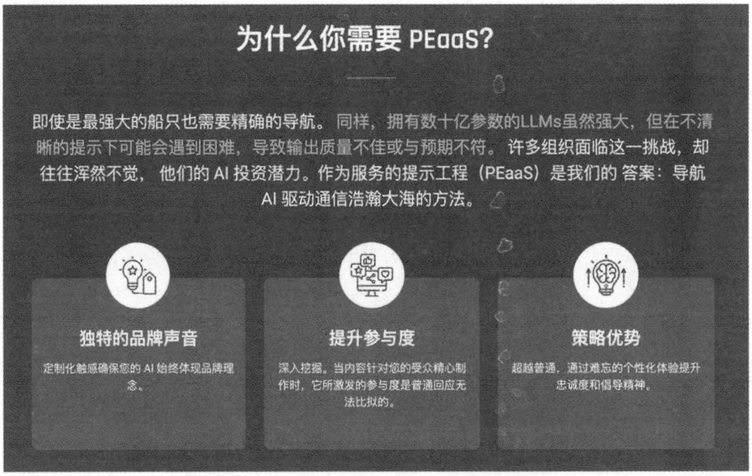

图5　为什么需要提示工程即服务

2. 社会价值：知识普及与能力增强

提示工程可以将复杂的专业知识转化为易于理解和使用的自然语言提示，降低知识获取和使用的门槛，促进知识普及和传播。例如，利用提示工程构建智能教育辅导系统，为学生提供个性化的学习辅导。

提示工程可以增强人类的能力，例如，辅助医生进行疾病诊断、辅助律师进行法律咨询、辅助工程师进行设计优化等，提升工作效率和决策质量。

通过提示工程，用户可以更自然、更便捷地从海量信息中获取所需知识和信息，例如，利用智能问答系统，通过自然语言提问，快速获取答案。

提示工程可以作为创意工具，帮助创意人员拓展思路、激发灵感，例如，辅助设计师进行设计创作、辅助艺术家进行艺术创作、辅助作家进行文学创作等。

提示工程的应用有望促进社会公平性提升。例如，智能教育辅导系统可以为教育资源匮乏地区的学生提供优质的教育资源；智能医疗诊断系统可以为医疗资源不足地区的患者提供及时的医疗服务。

3. 提示工程赋能千行百业

除了前文提到的内容生成、数据分析、创意行业，提示工程的应用场景还在不断拓展，几乎可以赋能所有行业。

- 金融行业：智能客服、风险评估、投资顾问、金融报告生成、反欺诈检测。
- 医疗行业：疾病诊断辅助、药物研发、病例分析、健康咨询、患者随访。
- 教育行业：个性化辅导、作业批改、智能答疑、语言学习、内容生成。
- 电商行业：产品推荐、智能客服、商品描述生成、营销文案撰写、用户评论分析。
- 法律行业：法律咨询、合同审查、案例分析、法律文书生成、证据检索。
- 制造业：智能质检、生产流程优化、设备故障预测、供应链管理、设计优化。
- 农业：智能种植、病虫害预测、土壤分析、农产品销售、农业知识普及。
- 交通运输业：智能导航、路径规划、交通流量预测、自动驾驶辅助、物流优化。
- 能源行业：能源需求预测、智能电网管理、可再生能源优化、能源交易、碳排放监测。
- 政府公共服务：政务咨询、政策解读、公共信息发布、民意调查、城市管理。

提示工程的实际应用价值是巨大的，它不仅能够为企业带来效率提升和成本降低，更能够为社会带来知识普及和能力增强。随着技术的不断发展和应用的不断深入，提示工程将在人工智能领域扮演越来越重要的角色，并持续创造更大的商业和社会价值。

第二节　提示设计的最佳实践

一、如何构建有效的基础提示（Basic Prompts）

构建有效的基础提示是提示工程的基石。除了前文提到的基本原则，以下将深入探讨构建有效基础提示的实战技巧，并结合更多案例进行说明。

1.指令的SMART原则

将SMART原则应用于指令设计，确保指令的有效性。

• Specific（具体的）：指令要明确具体，避免模糊不清。例如，将“写一篇关于人工智能的文章”细化为“请撰写一篇500字左右的文章，主题是人工智能在医疗行业的应用，重点介绍AI诊断疾病的优势”。

• Measurable（可验证的）：如果可能，指令要包含可验证的指标，更侧重于模型输出结果的可验证性，例如，字数限制、代码是否可编译运行、翻译结果是否符合原文意思等。例如，“请翻译这段英文，并确保翻译后的中文语句流畅自然，符合中文表达习惯”。

• Achievable（可实现的）：指令要符合模型的能力范围，避免提出模型无法完成的任务。例如，不要要求模型预测未来100年的股票价格。

• Relevant（相关的）：指令要与任务目标高度相关，避免无关信息干扰模型理解。例如，在进行情感分析时，只提供用户评论文本，避免提供无关的用户个人信息。

• Time-bound（有时限的）：在某些场景下，可以设定时间限制，例如，“请在10秒内完成这段代码的生成”。（虽然对于LLMs来说时间限制可能意义不大，但在某些实时性要求较高的场景下，可以考虑）

2.角色的精细化设定

角色设定不仅仅是赋予模型一个身份，更要细化角色的背景、技能、风格等，使其更符合任务需求。同时，角色设定也需要贴合目标用户画像（Persona），例如，为年轻用户设计的文案，角色可以设定为“潮流博主”；为专业人士设计的内容，角色可以设定为“行业专家”。

• 背景设定：例如，“你是一位拥有20年经验的资深律师”“你是一位毕业于常青藤名校的经济学博士”。

• 技能设定：例如，“你擅长撰写有说服力的营销文案”“你精通Python和Java编程”。

• 风格设定：例如，“你的文风幽默风趣”“你的语言专业严谨”“你的表达简洁明快”。

• 案例：“你是一位拥有10年经验的资深旅游顾问，专注于欧洲深度游线路规划。你的目标用户是对历史文化感兴趣的家庭。请为他们推荐一条为期7天的意大利文化遗产深度游线路，并详细介绍每个景点的历史背景和文化价值。”（更精细的角色设定和用户画像，模型输出更专业、更个性化的线路推荐）

3.上下文的有效组织

上下文信息是提示的重要组成部分，有效的上下文组织能够显著提升模型性能。

• 结构化上下文：将上下文信息组织成结构化的形式，例如，列表、表格、JSON格式等，方便模型解析和理解。

• 关键信息突出：在上下文中突出显示关键信息，例如，使用加粗、斜体、颜色标记等，引导模型关注重点。

• 示例：

{

“product_info”：{

“product_name”：“××智能手表”，

“core_features”：[“健康监测”，“运动追踪”，“消息提醒”，“NFC支付”]，

“target_users”：“注重健康、热爱运动、追求时尚的年轻人群”

}

}

请根据以上产品信息，撰写一篇300字左右的产品介绍文案，文案风格简洁、具有时尚感和科技感。

4.格式指令的明确化

对于需要特定格式输出的任务，务必明确指定格式要求，避免模型输出格式混乱或不符合预期。

• 输出格式类型：例如，Markdown，JSON，CSV，HTML，代码格式（指定编程语言），列表格式，表格格式等。

• 格式细节规范：例如，列表的缩进、表格的对齐方式、JSON的键值对结构、代码的缩进和注释等。

• 案例：“请将以下信息整理成Markdown表格格式，第一列为‘产品名称’，第二列为‘价格’，第三列为‘功能特点’。表格需要包含表

头，并使用Markdown语法正确渲染。”

5. 关键词的策略性运用

关键词是提示的灵魂，策略性地运用关键词能够更精准地引导模型。

- 核心关键词突出：在提示中突出显示核心关键词，例如，使用加粗、引号、特殊符号等，强调任务重点。
- 多关键词组合：使用多个关键词组合，从不同维度描述任务需求，例如，主题关键词+风格关键词+格式关键词。
- 负面关键词排除：使用负面关键词，明确指出不希望模型生成的内容，例如，“请撰写一篇关于人工智能的文章，避免过于技术化的术语”。

6. 逐步引导的精巧设计（思维链提示）

对于复杂任务，逐步引导是提升模型性能的有效策略。思维链提示（Chain-of-Thought Prompts）是一种有效的逐步引导技巧，通过引导模型逐步思考，展示推理过程，提升复杂任务的解决能力。

- 步骤分解明确化：将复杂任务分解为明确的步骤，并在提示中清晰地列出步骤序号，引导模型按步骤完成任务。
- 中间结果利用：在多步引导中，充分利用前一步的输出结果作为下一步的输入，实现任务的逐步推进和优化。
- 案例：

步骤1：请列出5个关于“电动汽车”的优点。

步骤2：请基于步骤1列出的优点，撰写一篇关于电动汽车市场前景的短文，字数300字左右。

7. 案例实战：产品卖点提炼与文案生成

假设我们需要为一款新的无线耳机撰写产品卖点文案。

• 产品信息：××无线耳机，主打降噪功能、高清音质、舒适佩戴、超长续航。

• 任务目标：提炼产品卖点，并撰写一段吸引年轻用户的卖点文案。

提示工程步骤：

第一步，卖点提炼提示：

你是一位资深的营销策划专家，擅长提炼产品卖点。

请分析以下产品信息，并提炼出3个最吸引年轻用户的卖点，以列表形式呈现，每个卖点不超过15个字。

产品信息：××无线耳机，主打降噪功能、高清音质、舒适佩戴、超长续航。

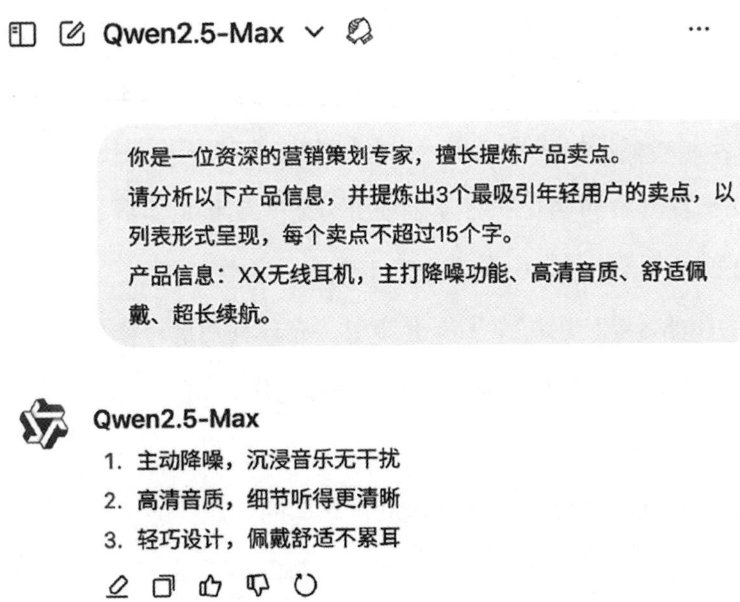

图6　卖点提炼提示案例展示

模型输出：

（1）主动降噪，沉浸音乐无干扰

（2）高清音质，细节听得更清晰

（3）轻巧设计，佩戴舒适不累耳

第二步，卖点文案生成提示：

你是一位时尚潮流的文案撰写者，擅长为年轻用户撰写产品文案。

请基于以下产品卖点，撰写一段150字左右的卖点文案，文案风格时尚、活泼、富有感染力。

产品卖点：

（1）主动降噪，沉浸音乐无干扰

（2）高清音质，细节听得更清晰

（3）轻巧设计，佩戴舒适不累耳

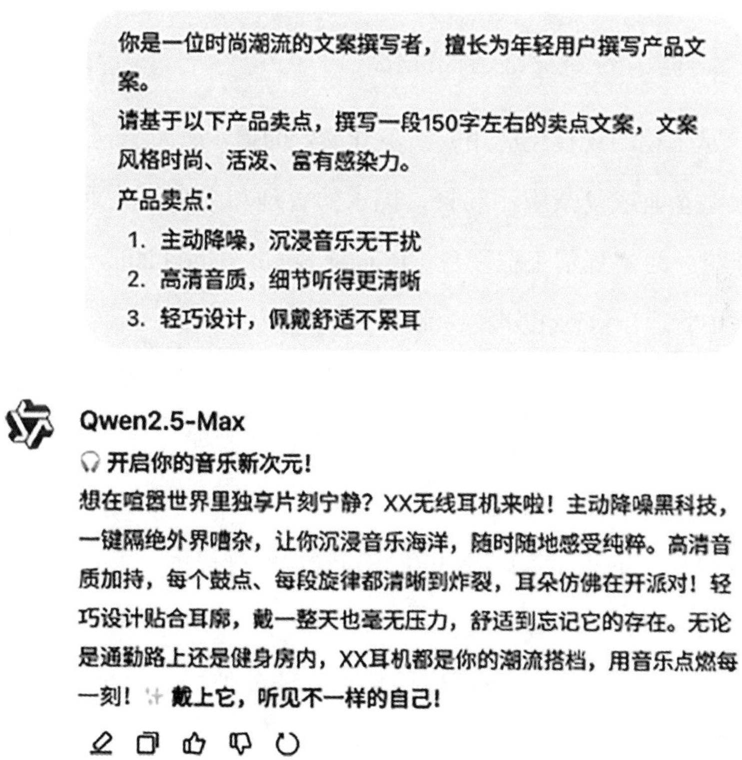

你是一位时尚潮流的文案撰写者，擅长为年轻用户撰写产品文案。
请基于以下产品卖点，撰写一段150字左右的卖点文案，文案风格时尚、活泼、富有感染力。
产品卖点：
1. 主动降噪，沉浸音乐无干扰
2. 高清音质，细节听得更清晰
3. 轻巧设计，佩戴舒适不累耳

Qwen2.5-Max
开启你的音乐新次元！
想在喧嚣世界里独享片刻宁静？XX无线耳机来啦！主动降噪黑科技，一键隔绝外界嘈杂，让你沉浸音乐海洋，随时随地感受纯粹。高清音质加持，每个鼓点、每段旋律都清晰到炸裂，耳朵仿佛在开派对！轻巧设计贴合耳廓，戴一整天也毫无压力，舒适到忘记它的存在。无论是通勤路上还是健身房内，XX耳机都是你的潮流搭档，用音乐点燃每一刻！戴上它，听见不一样的自己！

图7　卖点文案生成提示案例展示

模型输出（示例）：

开启你的音乐新次元！

想在喧嚣世界里独享片刻宁静？××无线耳机来啦！主动降噪黑科技，一键隔绝外界嘈杂，让你沉浸音乐海洋，随时随地感受纯粹。高清音质加持，每个鼓点、每段旋律都清晰到炸裂，耳朵仿佛在开派对！轻巧设计贴合耳廓，戴一整天也毫无压力，舒适到忘记它的存在。无论是通勤路上还是健身房内，××耳机都是你的潮流搭档，用音乐点燃每一刻！戴上它，听见不一样的自己！

通过以上案例，我们可以看到，构建有效的基础提示需要综合运用多种技巧，并根据具体的任务需求进行灵活调整。

二、提示的分发与迭代优化

提示工程的规模化应用，离不开高效的提示分发与迭代优化机制。对于大型企业或复杂应用场景，提示的管理和维护至关重要。我们可以构建统一的“提示工程平台（Prompt Engineering Platform）”，实现提示的集中管理、自动化分发、测试评估和迭代优化。

构建集提示库管理、自动化分发、A/B测试于一体的综合性平台，实现提示的标准化、规范化、版本控制和高效管理。

1.集中式提示库建设

建立统一的提示库，集中存储和管理所有提示，实现提示的标准化、规范化和版本控制。

• 提示分类管理：按照应用场景、任务类型、提示风格等维度，对提示进行分类管理，方便用户快速查找和复用。

• 版本控制系统：采用版本控制系统（如Git），管理提示的版本迭代，记录每次修改和优化，方便回溯和对比不同版本的效果。

• 权限管理机制：建立完善的权限管理机制，根据团队成员的角色和职责，设置不同的提示访问、编辑和管理权限，保障提示的安全性和一致性。

• 搜索与检索功能：提供强大的提示搜索和检索功能，用户可以通过关键词、标签、分类等方式，快速找到所需的提示。

2. 自动化提示分发系统

构建自动化提示分发系统，实现提示的快速部署和动态更新。

• API接口集成：将提示库与应用程序API集成，通过API接口实现提示的动态调用和更新。

• 实时更新机制：支持提示的实时更新，当提示库中的提示发生变更时，应用程序能够自动同步更新，保证提示的最新版本。

• 灰度发布策略：采用灰度发布策略，逐步将新版本的提示推送到线上环境，降低风险，并进行小范围测试和验证。

• 监控与告警系统：建立提示分发和使用情况的监控与告警系统，及时发现和解决提示分发过程中的问题。

3. 用户反馈闭环机制

构建用户反馈闭环机制，持续收集用户对模型输出结果的反馈，并将其应用于提示的迭代优化。

• 用户反馈收集渠道：建立多样化的用户反馈收集渠道，例如，用户评分、用户评论、用户调查、AB测试数据等。

• 反馈数据分析平台：构建用户反馈数据分析平台，对用户反馈数据进行清洗、分析和挖掘，找出用户对提示的满意度和改进建议。

• 迭代优化流程整合：将用户反馈数据分析结果与提示迭代优化

流程进行整合，形成闭环反馈机制，驱动提示的持续改进。

- 奖励与激励机制：建立用户反馈奖励与激励机制，鼓励用户积极参与提示的反馈和优化，形成良性循环。

4. A/B测试与多版本管理

A/B测试是提示迭代优化的核心方法，需要在提示工程平台中建立完善的A/B测试和多版本管理机制。

- A/B测试平台搭建：搭建专业的A/B测试平台，支持多版本提示的在线测试和效果对比。
- 指标监控与数据分析：监控A/B测试的各项指标，例如，用户点击率、转化率、用户满意度等，并进行数据分析，评估不同版本提示的效果。
- 版本管理与切换：支持多版本提示的管理和切换，方便快速部署和回滚不同版本的提示。
- 统计显著性分析：进行统计显著性分析，确保A/B测试结果的可靠性和有效性。

5. 提示工程师团队协作

规模化提示工程需要团队协作，建立专业的提示工程师团队，并在提示工程平台中明确团队协作流程和规范。

- 角色分工与协作：明确团队成员的角色分工，例如，提示设计师、提示优化师、提示测试工程师、提示管理工程师等，并建立清晰的协作流程和规范，例如，提示设计评审流程、提示优化迭代流程、提示发布审核流程等。
- 知识共享与沉淀：建立团队内部的知识共享平台，鼓励团队成员分享提示设计经验、优化技巧、最佳实践等，促进团队整体能力的提升。

• 协作工具支持：利用协作工具（例如，在线文档、项目管理软件、代码版本控制系统等）支持团队成员之间的协同工作，提高协作效率。

• 培训与技能提升：定期组织团队培训和技能提升活动，例如，提示工程技术研讨会、最佳实践分享会、外部专家讲座等，提升团队的专业水平。

三、应对大模型“幻觉”问题的技巧（高级策略）

“幻觉”问题是大模型应用中不可忽视的挑战。除了前文提到的基本应对技巧，以下将深入探讨更高级的策略，以更有效地缓解和控制大模型的“幻觉”现象。

1. 知识增强提示（Knowledge-Augmented Prompts）

将外部知识融入提示，提高模型输出的事实性和准确性。将提示工程系统与外部知识库（例如，维基百科、DBpedia、行业知识图谱等）集成，在提示中引用相关知识，引导模型基于外部知识进行推理和生成。

对于特定领域或任务，可以预先准备相关文档，在提示中将文档内容注入给模型，限制模型的知识范围，使其基于提供的文档进行回答，降低“幻觉”风险。例如，在回答关于特定产品的技术问题时，可以将产品说明书或技术文档注入给模型，提示模型“请根据以下产品说明书回答问题：[产品说明书内容]”。

2. 验证性提示（Verification Prompts）

在提示中加入验证机制，引导模型进行自我验证或外部验证，提高输出结果的可靠性。

- 自我验证提示：提示模型在生成答案的同时，提供自我验证的步骤或依据，例如，“请在回答问题后，简要解释你的推理过程，并说明你的答案基于哪些信息”。

- 外部验证提示：引导模型利用外部工具（例如，搜索引擎、计算器、知识库）进行验证，例如，“请在回答‘地球到月球的距离是多少’这个问题时，先使用搜索引擎查询相关信息，并引用搜索结果作为答案的依据”。

- 多模型验证：使用多个不同的模型生成答案，并对比不同模型的输出结果，选择一致性较高的答案，降低单个模型“幻觉”带来的风险。

3.对比式提示（Contrastive Prompts）

通过提供正反两方面的提示，引导模型进行对比分析，提高模型输出的辨别力和客观性。同时提供正面和负面的提示，引导模型比较不同情境下的输出结果，例如，“针对同一款产品，请分别撰写一段正面评价和一段负面评价，并分析两种评价的区别”。

从多个角度对同一问题进行提问，引导模型进行多角度思考和分析，例如，“请分别从经济、社会和环境三个角度，分析电动汽车的优缺点”。又例如，在进行情感分析任务时，可以同时提供正面和负面的示例提示，引导模型学习区分不同情感的表达方式，提高情感识别的准确性。

4.思维链提示（Chain-of-Thought Prompts）的精细化运用

思维链提示不仅可以提升模型的推理能力，也可以用于缓解“幻觉”问题。

• 逐步推理过程引导：更详细地引导模型展示推理过程，例如，“请分步骤解释你的解题思路，包括你使用的公式、定理、数据来源以及推理逻辑”。

• 中间步骤验证：在思维链的每个步骤中，引导模型进行自我验证或外部验证，确保推理过程的每一步都准确可靠，降低最终结果“幻觉”的风险。

• 反思与修正机制：在思维链的最后，引导模型进行反思和修正，例如，“请在给出最终答案前，回顾你的推理过程，检查是否存在逻辑漏洞或错误假设，并进行必要的修正”。

例如，在进行数学问题求解时，可以使用思维链提示，引导模型一步步展示解题步骤，并在每个步骤进行验证，确保解题过程的正确性，避免计算错误或逻辑错误导致的“幻觉”。

5. 因果推理提示（Causal Reasoning Prompts）

利用因果推理，引导模型分析事物之间的因果关系，提升模型输出结果的逻辑性和可靠性。提示模型识别文本中的因果关系，例如，“请分析以下句子中的因果关系：‘因为下雨了，所以路面湿滑。’”。引导模型进行反事实推理，例如，“如果‘促销活动’没有举办，‘销售额’会如何变化？”例如，在进行市场营销分析时，可以使用因果推理提示，引导模型分析“营销活动”与“销售额增长”之间的因果关系，为营销决策提供更科学的依据。

6. 模型微调与知识注入

针对特定领域或任务，可以通过模型微调和知识注入的方式，增强模型的领域知识，降低“幻觉”发生率。

• 领域数据微调：使用特定领域的高质量数据，对预训练模型进行微调，使其更适应特定领域的任务，并学习到更多领域知识。

• 知识图谱注入：将知识图谱等结构化知识库注入模型中，增强模型的知识表示和推理能力，提高输出结果的事实性和准确性。

• 持续学习与知识更新：建立模型的持续学习和知识更新机制，定期使用新的数据和知识对模型进行训练和更新，保持模型的知识新鲜度和准确性。

7. 人机协同与专家审核

对于高风险或高敏感性的应用场景，人工审核仍然是必要的保障措施。

• 人工审核流程：建立完善的人工审核流程，对模型生成的关键内容进行人工审核，确保输出结果的准确性、安全性和合规性。

• 专家参与与指导：邀请领域专家参与提示工程的设计和优化，并对模型的输出结果进行评估和指导，提高模型应用的专业性和可靠性。

• 人机协同工作流：构建人机协同的工作流，将提示工程与人工审核有机结合，充分发挥人工智能和人类智能的优势，共同完成复杂任务。

8. 案例分析：医疗诊断辅助系统的幻觉控制

假设我们开发一个基于LLMs的医疗诊断辅助系统，用于辅助医生进行疾病诊断。由于医疗领域的特殊性，对模型输出的准确性和可靠性要求极高，必须采取严格的“幻觉”控制措施。

• 幻觉风险：模型可能产生关于疾病诊断、药物剂量、治疗方案等方面的“幻觉”，导致误诊或用药错误，后果不堪设想。

• 策略应用：

◦ 知识增强提示：将医学知识库（例如，医学百科全书、疾病诊疗指南、药物说明书）集成到系统中，在提示中引用相关医学知识，限制模型的知识范围，使其基于医学知识进行诊断建议。

◦ 验证性提示：提示模型在给出诊断建议时，提供诊断依据和参考文献，并引导模型利用医学数据库进行验证，例如，“请在给出诊断建议后，引用相关的医学指南或研究论文作为依据，并说明你使用了哪些医学数据库进行验证”。

◦ 思维链提示的精细化运用：引导模型逐步展示诊断推理过程，例如，“请分步骤解释你的诊断思路，包括你分析的症状、体征、检查结果以及你使用的诊断标准和指南”，并在每个步骤进行医学知识验证。

◦ 模型微调与知识注入：使用大量的医学病例数据和医学知识图谱，对模型进行微调和知识注入，增强模型的医学领域知识，提高诊断的准确性。

◦ 人机协同与专家审核：建立严格的人工审核流程，所有模型给出的诊断建议，必须经过资深医生的审核和确认后，才能最终提供给患者。

通过以上多重高级策略的组合应用，可以最大限度地降低医疗诊断辅助系统的“幻觉”风险，保障患者的安全和权益。

第三节 行业场景中的提示工程

一、在内容生成中的应用：文案、代码、翻译（行业最佳实践）

内容生成是提示工程最早也是最成功的应用领域之一。本节我们将深入探讨提示工程在文案、代码、翻译等内容生成领域的行业最佳实践，并结合具体案例进行分析。

1.文案生成

（1）电商文案自动化生成

利用提示工程，自动化生成商品标题、商品描述、促销文案、广告语等电商文案，提升文案创作效率和质量，降低运营成本。文案生成需要符合品牌调性（Brand Voice），保持品牌形象的一致性。

- 最佳实践：

  ◦ 商品信息结构化：将商品信息（例如，商品名称、品牌、型号、功能特点、材质、尺寸、颜色、价格、促销活动等）结构化存储，方便提示工程系统调用。

  ◦ 文案模板库建设：建立电商文案模板库，包含不同类型、不同风格的文案模板（例如，促销型文案模板、功能介绍型文案模板、场景描述型文案模板等），并支持模板的自定义和扩展。

  ◦ 个性化文案定制：根据用户画像、用户行为、商品属性等信息，个性化定制文案生成提示，实现千人千面的文案效果。

  ◦ A/B测试与效果评估：对不同提示生成的文案进行A/B测试，评估文案的点击率、转化率、销售额等指标，选择最优文案版本。

- 案例：某电商平台利用提示工程系统，自动化生成商品描述，商品描述的点击率提升了20%，商品转化率提升了10%，文案创作效率提升了5倍，人工成本降低了80%。

（2）营销内容批量化生产

利用提示工程，批量化生产各种营销内容，例如，社交媒体帖子、博客文章、新闻稿、邮件营销内容等，提升营销效率和覆盖范围。

- 最佳实践：

  ◦ 营销主题库构建：建立营销主题库，包含不同行业、不同节日、不同热点的营销主题，并定期更新主题库内容。

◦ 内容风格多样化：支持多种内容风格（例如，幽默风趣、专业严谨、情感共鸣、悬念制造等）的生成，满足不同营销场景的需求。

◦ 多渠道内容分发：将提示工程系统与多渠道内容分发平台（例如，微信公众号、微博、头条号、邮件营销平台等）集成，实现内容的一键分发和自动化发布。

◦ 效果追踪与优化：追踪营销内容在不同渠道的传播效果（例如，阅读量、点赞量、评论量、转发量、转化率等），并根据效果数据优化提示策略和内容风格。

• 案例：某品牌利用提示工程系统，批量化生成社交媒体帖子，社交媒体互动率提升了30%，品牌曝光量提升了50%，营销内容生产效率提升了10倍，营销成本降低了70%。

2.代码生成

• 代码自动补全与生成：在IDE集成提示工程系统，实现代码自动补全、代码片段生成、代码框架生成等功能，提升开发效率和代码质量。同时，可以利用提示工程自动生成测试用例（Test Case Generation），保障代码质量。

• 最佳实践：

◦ 代码上下文感知：提示工程系统需要能够感知代码上下文（例如，当前代码文件、代码结构、变量类型、函数定义等），根据上下文信息生成更准确、更相关的代码建议。

◦ 多语言代码支持：支持多种编程语言（例如，Python，Java，JavaScript，C++，Go等）的代码生成，满足不同开发场景的需求。

◦ 代码风格规范化：生成的代码需要符合代码风格规范（例如，

PEP 8，Google Java Style Guide等），保证代码的可读性和可维护性。

◦ 用户自定义与扩展：支持用户自定义代码模板和代码片段，并提供代码生成功能的扩展接口，满足个性化开发需求。

• 案例：某软件公司在其IDE中集成了提示工程代码生成插件，开发人员的代码编写效率提升了40%，代码错误率降低了20%，软件开发周期缩短了30%。

• 低代码/零代码平台赋能：将提示工程应用于低代码/零代码平台，用户可以通过自然语言描述需求，自动生成应用程序或业务流程，降低应用开发门槛，提升开发效率。

• 最佳实践：

◦ 自然语言需求理解：提示工程系统需要能够准确理解用户自然语言描述的需求，并将其转化为可执行的代码或业务流程。

◦ 可视化界面交互：提供可视化界面，用户可以通过拖拽组件、配置参数等方式，进一步定制和完善自动生成的应用程序或业务流程。

◦ 多平台应用部署：支持将自动生成的应用程序部署到多种平台（例如，Web，App，小程序等），满足不同应用场景的需求。

◦ 持续迭代与维护：支持对自动生成的应用程序进行持续迭代和维护，根据用户反馈和业务需求进行功能升级和性能优化。

• 案例：某企业利用低代码平台集成的提示工程功能，快速搭建了一套客户关系管理系统（CRM），应用开发周期缩短了80%，开发成本降低了90%，业务上线时间提前了6个月。

3.翻译

（1）机器翻译质量提升

利用提示工程，优化机器翻译模型，提升翻译的准确性、流畅性和自然度，使其更接近人工翻译水平。同时，可以拓展到多语言内容创作（Multilingual Content Creation）领域，利用提示工程进行跨语言内容生成。

- 最佳实践：

  ◦ 领域知识融入：将领域知识（例如，医学、法律、金融、科技等）融入翻译模型中，提高专业领域翻译的准确性。

  ◦ 上下文信息利用：充分利用上下文信息（例如，句子上下文、段落上下文、篇章上下文），提高翻译的连贯性和语境适应性。

  ◦ 风格迁移与控制：支持翻译风格的迁移和控制（例如，正式风格、口语风格、文学风格、技术风格等），满足不同翻译场景的需求。

  ◦ 人工评估与反馈：建立人工评估机制，对机器翻译结果进行质量评估，并根据人工反馈数据优化翻译模型和提示策略。

- 案例：某翻译公司利用提示工程技术，优化了其机器翻译引擎，翻译质量（BLEU值）提升了15%，需人工编辑量减少了40%，翻译效率提升了60%，翻译成本降低了50%。

（2）本地化与国际化加速

利用提示工程，加速产品和服务的本地化与国际化进程，降低本地化成本，缩短本地化周期，提升全球市场竞争力。

- 最佳实践：

  ◦ 多语言提示支持：提示工程系统需要支持多语言提示输入和输出，方便进行跨语言内容生成和翻译。

  ◦ 文化差异适配：在提示设计中考虑文化差异，例如，不同文化背景下的表达习惯、价值观念、审美偏好等，使翻译结果更符合目标文化用户的习惯。

◦ 本地化流程自动化：利用提示工程自动化本地化流程，例如，文本翻译、UI界面本地化、文档本地化、营销素材本地化等，降低人工本地化成本。

◦ 全球用户体验优化：通过提示工程，优化本地化内容的用户体验，例如，提高翻译的流畅性和自然度，使本地化内容更符合当地用户的语言习惯和文化背景。

• 案例：某跨国公司利用提示工程系统，加速了其产品和服务的本地化进程，产品本地化周期缩短了50%，本地化成本降低了60%，全球市场拓展速度提升了80%。

二、数据分析与预测中的提示优化

提示工程在数据分析与预测领域也展现出巨大的潜力，尤其是在复杂数据场景下，提示优化能够显著提升分析和预测的精度和效率。

1.数据分析

（1）复杂数据报表解读与洞察挖掘

利用提示工程，自动化解读复杂数据报表，挖掘数据背后的深层洞察，为决策提供数据支持。同时，可以拓展到交互式数据分析（Interactive Data Analysis）领域，实现人机协同的数据分析模式。

• 最佳实践：

◦ 报表数据结构化：将报表数据（例如，CSV，Excel，JSON等格式）结构化导入提示工程系统，方便模型解析和理解。

◦ 多维度数据分析提示：设计多维度数据分析提示，例如，趋势分析提示、对比分析提示、异常检测提示、关联分析提示等，引导模型从不同角度解读数据。

◦ 可视化结果呈现：将数据分析结果以可视化图表（例如，折线图、柱状图、饼图、散点图等）形式呈现，方便用户直观理解数据洞察。

◦ 自然语言报告生成：利用提示工程，将数据分析结果自动生成自然语言报告，例如，数据分析报告、市场调研报告、业务运营报告等，提高报告生成效率和质量。

• 案例：某金融机构利用提示工程系统，自动化解读财务报表，报表解读效率提升了70%，数据分析师从报表解读中解放出来，更多地专注于数据洞察挖掘和决策支持。

（2）非结构化数据分析与知识提取

利用提示工程，从非结构化数据（例如，文本、图像、音频、视频等）中提取有价值的信息和知识，拓展数据分析的边界。

• 最佳实践：

◦ 多模态数据融合：支持多模态数据（例如，文本+图像、文本+音频、文本+视频）的输入和分析，实现更全面的数据理解和知识提取。

◦ 信息抽取与实体识别：利用提示工程，从非结构化数据中自动抽取关键信息和实体（例如，人名、地名、组织机构名、事件、关系等），并进行实体识别和链接。

◦ 情感分析与舆情监控：利用提示工程，对文本数据进行情感分析，识别用户情感倾向，并进行舆情监控和预警。

◦ 知识图谱构建与应用：将从非结构化数据中提取的知识构建成知识图谱，并应用于知识问答、智能推荐、决策支持等场景。

• 案例：某社交媒体平台利用提示工程系统，从海量用户评论数据中提取用户情感倾向和产品评价，实现了舆情监控和产品改进建议的自动化生成，提升了产品迭代效率和用户满意度。

2.预测分析

（1）复杂时间序列数据预测

利用提示工程，优化时间序列预测模型，提高复杂时间序列数据（例如，股票价格、销售额、用户活跃度、设备运行状态等）的预测精度和稳定性。同时，可以拓展到异常检测与预警（Anomaly Detection and Early Warning）领域，利用提示工程进行实时异常监控和预警。

• 最佳实践：

◦ 时间序列特征工程：利用提示工程，自动进行时间序列特征工程，例如，提取时间特征、统计特征、频域特征、时域特征等，提升模型对时间序列数据的理解能力。

◦ 多模型融合预测：融合多种时间序列预测模型（例如，ARIMA，LSTM，Transformer等），利用提示工程动态选择和组合模型，提高预测的鲁棒性和泛化能力。

◦ 外部因素引入与融合：将外部因素（例如，节假日、促销活动、天气变化、宏观经济数据等）引入预测模型中，利用提示工程引导模型学习和利用外部因素，提高预测精度。

◦ 预测结果可视化与解释：将预测结果以可视化图表形式呈现，并利用提示工程生成自然语言预测报告，解释预测结果和预测依据，提高预测结果的可理解性和可信度。

• 案例：某零售企业利用提示工程系统，优化了销售额预测模型，销售额预测精度提升了25%，库存管理效率提升了30%，运营成本降低了20%。

（2）因果推断与决策优化

利用提示工程，辅助进行因果推断，挖掘数据背后的因果关系，为决策优化提供更科学的依据。

- 最佳实践：
  - 因果关系建模提示：设计因果关系建模提示，引导模型学习和识别数据中的因果关系，例如，“请分析‘促销活动’对‘销售额’的因果影响，并量化因果效应”。
  - 反事实推断提示：利用提示工程进行反事实推断，例如，“如果‘促销活动’没有举办，‘销售额’会如何变化？”，为决策提供更深入的分析。
  - 决策优化建议生成：基于因果推断结果，利用提示工程自动生成决策优化建议，例如，“为了提升‘销售额’，建议增加‘促销活动’的频率和力度”。
  - 决策模拟与评估：利用提示工程，进行决策模拟和评估，预测不同决策方案的潜在效果，辅助决策者选择最优方案。
- 案例：某互联网公司利用提示工程系统，进行用户增长策略优化，通过因果推断分析，找到了提升用户增长的关键因素，并优化了用户增长策略，用户增长率提升了20%，用户获取成本降低了10%。

三、创意行业如何利用提示工程挖掘创造力

提示工程在创意行业不仅仅是效率提升工具，更是激发创新、拓展创意边界的强大引擎。以下将深入探讨提示工程在设计、艺术、音乐、游戏等创意行业的创新应用。

1.设计领域

（1）生成式设计与设计迭代加速

利用提示工程，实现设计方案的自动生成和快速迭代，加速设计流程，降低设计成本，提升设计效率。同时，可以辅助设计师进行设计决策（Design Decision Support），例如，提供设计灵感、评估设计方案、预测用户喜好等。

- 创新应用：

◦ Logo自动生成：输入品牌名称、行业、风格偏好等提示，自动生成多款Logo设计方案，设计师可以从中选择或进一步修改。

◦ 海报自动生成：输入活动主题、目标受众、风格要求等提示，自动生成多款海报设计方案，营销人员可以快速制作各种活动海报。

◦ UI界面自动生成：输入应用功能、用户场景、风格偏好等提示，自动生成UI界面设计方案，UI设计师可以快速搭建应用原型。

◦ 产品外观自动生成：输入产品类型、功能特点、目标用户、风格偏好等提示，自动生成产品外观设计方案，工业设计师可以快速进行产品概念设计。

- 案例：某设计公司利用提示工程系统，实现了Logo设计的自动化生成，Logo设计周期缩短了70%，设计成本降低了80%，设计方案数量提升了10倍，客户满意度显著提升。

（2）个性化设计与用户参与

利用提示工程，实现个性化设计定制，并让用户参与到设计过程中，提升用户体验和用户黏性。

- 创新应用：

◦ 用户定制Logo：用户输入品牌名称、个人偏好等提示，自动生成专属Logo设计方案，满足个性化Logo定制需求。

◦ 用户定制海报：用户输入活动主题、个人照片、风格偏好等提示，自动生成个性化海报设计方案，用户可以参与到海报设计过程中。

◦ 用户定制UI界面：用户输入应用功能、个人使用习惯等提示，自动生成个性化UI界面设计方案，用户可以定制专属的UI界面风格。

◦ 用户参与产品设计：用户输入产品需求、个人偏好等提示，参与到产品设计过程中，例如，定制手机壳图案、定制服装款式、定制家具风格等。

• 案例：某电商平台利用提示工程系统，推出了用户定制Logo服务，用户可以根据自己的品牌名称和风格偏好，在线生成专属Logo设计方案，用户参与度显著提升，用户黏性增强。

2. 艺术领域

（1）生成式艺术与艺术创作拓展

利用提示工程，实现绘画、音乐、诗歌、剧本等艺术作品的自动生成，拓展艺术创作的边界，探索新的艺术表现形式。同时，可以应用于生成式艺术教育（Generative Art Education），降低艺术创作门槛，普及艺术教育。

• 创新应用：

◦ AI绘画创作：输入风格描述、主题意象、色彩偏好等提示，自动生成绘画作品，艺术家可以利用AI绘画工具进行艺术创作探索。

◦ AI音乐创作：输入音乐风格、情感基调、乐器组合等提示，自动生成音乐作品，音乐人可以利用AI音乐工具进行音乐创作实验。

◦ AI诗歌创作：输入诗歌主题、风格要求、意象选择等提示，自动生成诗歌作品，诗人可以利用AI诗歌工具进行诗歌创作辅助。

◦ AI剧本创作：输入剧本类型、角色设定、剧情梗概等提示，自动生成剧本大纲或剧本片段，编剧可以利用AI剧本工具进行剧本创作辅助。

• 案例：某艺术家利用提示工程AI绘画工具，创作了一系列数字艺术作品，作品风格独特、创意新颖，在艺术展览中获得广泛好评，并成功售出多幅作品。

（2）互动艺术与用户体验升级

利用提示工程，实现互动艺术作品的自动生成，并让用户参与到艺术创作和欣赏过程中，提升艺术体验的互动性和趣味性。

• 创新应用：

◦ 用户互动绘画：用户输入绘画主题或关键词，AI绘画系统根据用户输入实时生成绘画作品，用户可以与AI系统进行互动绘画创作。

◦ 用户互动音乐：用户输入音乐风格或情感关键词，AI音乐系统根据用户输入实时生成音乐作品，用户可以与AI系统进行互动音乐创作。

◦ 用户互动故事：用户输入故事主题或角色设定，AI故事生成系统根据用户输入实时生成故事内容，用户可以与AI系统进行互动故事创作。

◦ 沉浸式艺术体验：利用VR/AR技术结合提示工程，打造沉浸式艺术体验，用户可以通过自然语言指令与AI系统互动，生成个性化的沉浸式艺术作品。

• 案例：某艺术展览馆利用提示工程互动艺术装置，推出了用户互动绘画体验项目，参观者可以通过语音或文本输入绘画主题，AI系统实时生成绘画作品，参观者可以参与到艺术创作过程中，艺术展览的互动性和趣味性显著提升，吸引了更多年轻观众。

第四节　提示工程的未来发展

提示工程的未来发展，预示着一场人机交互模式的深刻变革。它不仅仅是技术的演进，更是一种范式的转移，预示着我们正迈向一个人人皆可与智能对话的新纪元。未来的提示工程，将不再是少数专家的领域，而会如同今天的编程一样，成为数字公民的基本素养。

一、提示工程的模板化与工具化：生态繁荣的基石

模板化和工具化是提示工程走向普及的关键。如同软件开发的成熟生态离不开代码库和IDE，提示工程的繁荣也必将依赖于强大的提示中心和智能工具。Prompt Hub（提示中心）的构建，将汇聚通用与行业模板，如同一个巨大的知识宝库，降低提示工程的门槛，加速各行各业的智能化进程。高质量的通用模板库，如同预制的“智能乐高”，让用户能够快速搭建各种应用场景，无论是文案创作、代码生成，还是数据分析和创意设计，都能找到合适的起点。而针对金融、医疗、教育等垂直领域的行业模板，则如同定制化的解决方案，能够更精准地满足行业个性化需求，真正发挥人工智能在专业领域的价值。为了确保模板的质量和可持续发展，质量评估与认证机制、贡献与共享平台以及商业化交易平台都将是不可或缺的组成部分，它们共同构建起一个健康、繁荣的提示工程生态系统。

工具化方面，智能提示优化与评估工具的发展将极大地提升提示工程的效率和智能化水平。可视化提示编辑器，将提示设计从烦琐的

文本编写转变为直观的图形化操作，实时预览和多模型兼容性则让优化过程更加高效便捷。更进一步，自动化提示优化工具将借助AI的力量，如同智能的“提示调参师”，基于用户反馈和模型性能指标，不断迭代和完善提示，实现多目标、自适应的优化。而提示评估与监控工具，则如同提示应用的“质量检测仪”和“性能监控器”，保障提示应用的稳定性和可靠性，及时预警潜在风险。最终，Prompt Marketplace平台的构建，将如同一个连接供需双方的桥梁，连接提示工程师、企业用户和模型开发者，促进模板、服务和模型的交易与共享，构建起一个生机勃勃的提示工程生态圈。

二、提示工程的可持续性探索：伦理与普及并重

提示工程的可持续发展，不仅关乎技术进步，更关乎伦理责任和社会福祉。可信赖AI（Trustworthy AI）框架下的伦理规范，是提示工程健康发展的基石。偏见缓解与公平性保障，如同为AI应用注入“公平基因”，需要从偏见检测、公平性提示设计、数据增强和模型微调等多个层面入手，确保AI应用不带有歧视色彩。责任归属与安全保障，则如同为AI应用建立“安全阀”和“责任链”，明确各方责任，防范模型滥用，建立内容安全审核机制，并严格保护用户隐私。透明度与可解释性提升，则如同为AI应用装上“透明引擎”，让用户了解提示如何引导模型决策，增强用户对AI系统的信任和理解。伦理审查与监管机制的建立，则如同为提示工程发展划定“伦理红线”，确保其发展符合社会价值观和伦理规范。

在社会可持续性层面，“全民提示工程（Prompt Engineering for All）”的愿景，预示着提示工程技能将成为未来公民的必备技能。人才

培养与技能普及是实现这一愿景的关键，需要构建完善的教育体系和职业培训体系，从高校课程到职业技能认证，再到社区学习平台和产学研合作，多维度、系统化地培养提示工程人才。行业规范与标准制定，则如同为提示工程行业发展建立“交通规则”，引导行业健康有序发展，促进行业交流与合作。国际合作与开放创新，则如同为提示工程发展注入“全球智慧”，共同应对挑战，共享发展成果，推动全球提示工程技术的进步和应用。

三、培养下一代提示工程师：多元能力塑造

培养下一代提示工程师，不仅是知识的传授，更是多元能力的塑造。完善的教育体系是基础，需要高校、职业学校、培训机构共同发力，构建多元化的培养路径。实践平台搭建是关键，需要课程项目、企业实习、科研项目和竞赛平台多管齐下，让学生在实战中提升技能。而能力素质培养则是核心，需要语言理解与表达能力、逻辑思维与问题解决能力、创新思维与创意能力、沟通协作与团队合作能力、伦理意识与社会责任感等多方面的综合提升。其中，语言理解与表达能力是提示工程的基石，逻辑思维是提示设计的骨架，创新思维是提示工程的灵魂，沟通协作与团队合作能力是提示工程的催化剂，而伦理意识则是提示工程的指南针。

四、结语

提示工程，这门科学与艺术交融的新兴学科，正引领AI迈向新的浪潮。它不仅是人机对话的桥梁，更是开启AI无限潜能的钥匙。我们正走向“全民提示工程”的时代，掌握这项技能，如同掌握了与未来

对话的能力。展望未来，提示工程必将成为AI时代的核心竞争力，深刻改变人类社会的生产、生活和思维方式。让我们携手构建可信、可持续的提示工程生态，迎接AI驱动的智能未来！拥抱提示工程，探索、实践、创新，共创AI的美好明天！

后记

AFTERWORD

AI十问

AI已从实验室走向社会生活的核心场域，技术的狂飙突进带来前所未有的机遇，但硬币的另一面，是就业市场的结构性震荡、信息茧房加剧认知分化、深度伪造冲击信任根基，等等。人类社会正面临哈姆雷特式的终极追问：在机器智能的映照下，何为人之为人的本质？技术红利如何跨越数字鸿沟？文明的火炬将如何在人机共舞中传递？

本书编写组留下了十个问题，涵盖工作、教育本质、文化多样性、伦理底线、未来治理等维度，供读者思考。每个问题都直指时代脉搏：既有AI替代工作岗位引发的生存焦虑，也有ChatGPT冲击知识权威带来的认知革命；既审视算法偏见如何扭曲社会公平，也探讨虚拟伴侣是否消解真实情感。

1.AI可能让某些职业完全消失，也可能创造新的职业。但在这个转变过程中，AI如何改变工作与收入的分配？

2. 如果AI承担了大部分烦琐和重复性的工作，人类劳动是否还具备意义？劳动的社会价值是否需要被重新理解？AI时代劳动是否会变得“无意义”？

3.AI能够分析学生的学习行为，为其量身定制课程。但这种个性化学习能否取代教师在知识传递、情感引导与人格培养中的作用？AI是否可以真正取代教师？

4.AI是否会颠覆传统教育周期？AI的辅助学习工具让人们可以随时随地学习。我们是否需要重新思考教育从“阶段性”向“终身性”的转变？

5.随着AI技术的标准化、数据的全球流通，AI是否会消解文化多样性？是否会加剧文化的趋同化？我们如何用技术保护本地文化与语言？

6.AI驱动的信息分发机制可能加剧社会分化，形成“知识富裕者”与“信息边缘人”。AI是否会制造新的“知识阶层”？如何保证技术带来的知识红利惠及全体？

7.生成式AI的发展让真假信息难以区分。当现实与虚拟模糊化，AI是否会摧毁对真实性的信仰？我们的道德和审美判断是否会受到不可逆的冲击？

8.虚拟伴侣、娱乐算法等可能提供即时的情感满足，但这是否会让人类陷入“伪幸福”的幻觉，忽视真实关系的构建？AI是否会带来伪幸福的陷阱？

9.AI的发展速度令世人瞩目。在未来几十年，AI是会成为人类不可或缺的伙伴，还是潜在的对手？我们如何定义并管理这种复杂关系？

10.针对AI技术的竞争正成为全球权力格局的重要组成部分。国家、企业、个人谁应该拥有对AI的控制权？如何避免技术被垄断或滥用？

提出了这些问题，但编写组思考再三，没有贸然回答，因为这些问题没有唯一答案，正如AI时代本身的特点，科技不是科技本身，AI也不是算法模型。每个人对AI的理解都可能会影响终局，在这个时代里，AI让无力者有力的同时，也让有力者更强。